木材生産技術の原理・原則

技術の本質を学び現場に活かす

湯浅 勲　杉山 要 著

藤森隆郎／酒井秀夫　協力

全国林業改良普及協会

まえがき

日本列島の自然と森林の特徴

　世界地図を広げてみると、日本列島は広大なユーラシア大陸の東岸に沿うように、細長く南北に点在しています。面積は3,778万haと世界のわずか0.25％(1/400)に過ぎませんが、最北端の宗谷岬から沖縄県の宮古島までの距離を地図上で測ると、何と3,000km近くあります。

　この「まえがき」では、まず日本列島の自然と森林の特徴をざっくりと俯瞰した上で、本書を書いた理由を簡単に説明しておきたいと思います。

　ご存じかとは思いますが、活発な造山運動によって誕生した日本列島には3,000ｍ級の脊梁山脈が走り、その列島を取り巻くように暖流が流れています。また、太平洋と大陸の両方の気団の影響を色濃く受ける場所に位置しているため、年間を通じて雨が降りやすく、とりわけ梅雨末期や台風シーズンには、集中豪雨による河川氾濫のみならず、毎年のように山腹崩壊などの被害も発生しています。このような日本列島の自然環境が、谷や沢などヒダの多い複雑な地形をつくり、それが日本の森林・林業を特色づける大きな要因の１つとなっています。

　しかしその一方で、多量の降雨は高山地帯を除いた地域で植物をよく繁茂させ、森林もよく発達しています。また平野部が少なく山地地形が多いので、国土に占める森林面積の割合すなわち林野率は67％と、世界でも屈指の森林国となっています。さらに、南北に長くて標高差が大きく地形が複雑で雨が多いおかげで、森

3

林のタイプはバラエティに富んでいるという特徴もあります。

　そのような中で、我々の祖先は神話の時代から森と親しみ、木材を、家屋などを始めとする建築用材やエネルギー源としてだけでなく、社寺仏閣や彫刻、庭園、あるいは様々な工芸・民芸品に見られるように文化として、また社寺林などに代表されるように信仰の対象として崇めてもきました。少なくとも戦後しばらくまでの林業従事者の意識の中には、こうした感覚が息づいていたのではないでしょうか。

　ところが昭和30年代に入って、戦後の復興期から高度経済成長期へと向かう時代の流れの中で、状況はガラリと変わりました。まず都市ガスの普及に伴って薪炭需要が落ち込み、その後に到来した空前の住宅ブームによって、スギ・ヒノキなど建築用材の価格が異常に高騰したのです。

　そうすると、需要の落ち込んだ里山薪炭林を伐採してスギやヒノキを植えれば一攫千金も夢ではないと、拡大造林ブームが巻き起こります。しかもこの時は建築用材不足が長引き、それが社会問題化しつつあったことから、個人所有者のみならず、国有林を始めとして県有林も公団も公社も含めて、林業関係者のほとんど皆が右へ倣えをして植林に精を出したと、このようにいっても過言ではなかったと思います。

　このブームは、昭和の終わり頃まで30年余り続きました。その勢いは著しく、里山だけにとどまらず、本来は水源となるべき奥地の広大な広葉樹林までもがスギやヒノキ林に姿を変えたところもあります。このようにして、俗にいわれる1,000万haの人

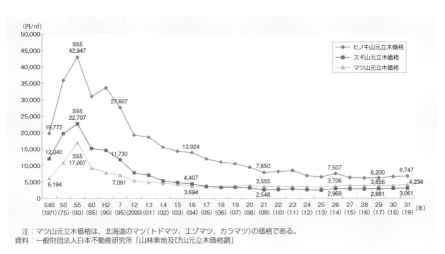

注：マツ山元立木価格は、北海道のマツ（トドマツ、エゾマツ、カラマツ）の価格である。
資料：一般財団法人日本不動産研究所「山林素地及び山元立木価格調」

図　全国平均山元立木価格の推移

出典：令和元年度　森林・林業白書（2020（令和2）年6月16日公表）

　工林が出現したのです。

　ところが皮肉なことに、植林時の目論見とは裏腹に、材価は昭和50年代の半ばをピークに下落に転じ、バブル経済の崩壊以降は右肩下がり一辺倒となってさらに落ち込み（上図参照）、現在の立木価格は最高値時の7分の1から8分の1にまで下落してしまいました。今のところ、回復の兆しはまったく見えないと言ってよいでしょう。一攫千金の夢はおろか、皆伐をしても育林経費すら回収できない状況に陥ってしまったのです。

　その結果、森林所有者の多くは森へ入らなくなり、隣地との境界がわからない山も増えてきました。森林所有者と接する機会の多い「森林プランナー」の何人かに聞くと「自分の山の境を知らない所有者は半分を超えています」という意見が大半でした。

所有者がそういう状況ですから、植えられた人工林のほとんどが放置されたのは当然です。全国をつぶさに調べた人はいないので正確にはわかりませんが、私有林に限ってみると、手入れの行き届いた林は10％以下だと思われます。最も多いのが、早急に手を入れると何とか蘇りそうな林で、これが全体の半分余り。残りの20〜30％は、植えたままほとんど手が入っていない林で、倒壊寸前です。これについては、もはや皆伐をする以外に手の施しようがないかも知れません。

　もしこのまま何の手も打たずに放置すると、木々は成長してさらに混み合い、倒壊寸前の林は増える一方です。時間との勝負です。

　この数年、台風を始めとする様々な災害が増えてきました。そ

写真　2018（平成30）年の台風で倒壊したスギ林

の多くは異常気象によるものだといわれていますが、洪水で流されてきた立木が土砂と混じり合って被害を拡大させている光景をニュース映像で目にしたことがあります。もしかしたら、無責任な森の放置が災害を助長している可能性もないとはいえないのではないでしょうか。

　とにもかくにも、以上が、長年にわたって林業に携わってきた筆者の目に映る、1,000万haの人工林の現実の姿です。

人工林を健全な姿で次世代に引き継ぐために

　森林・林業を取り巻くそうした状況の中で本書を書こうとした動機は、先人たちが夢と汗で育て上げた1,000万haの人工林を、できるだけ健全な姿で次世代へ引き継ぎたいという思いからです。よしんばそれが適わなくても、その道筋をつける一助になりはしないかと、そう考えたのです。

　しかし一口に林業と言っても様々なジャンルがあり、一人で書けるものではありません。そこで、同じ想いを持つ何人かで話し合って共有し、手分けをしながら書き進めることにしました。

　倒壊寸前の200〜300万haの林（1,000万haの20〜30％）は、先に書いたように現状のまま皆伐もやむなしであったとしても、そうでない林分については、木の成長具合や土壌の性質を見ながら新たに目標林型を設定し直し、今のうちに手を入れて次世代へ引き継がなければなりません。このまま何もせずに放置することは、大きな負の遺産を未来世代に背負わせることになってしまいます。

　ところが、手を入れるにしても、最初に述べたように我が国の

森林は南北に長く急峻で気候差が激しいだけでなく、第3部で説明するように土壌の質も千差万別です。したがって、森の整備にしても路網開設にしても木材収穫にしても、現場の状況に合わせたキメ細かな対応をしなければならないので、そう簡単に一筋縄でいくものではありません。

　しかもこれまでの林業技術の多くは、「○○間伐」だとか「○○式路網」あるいは「○○システム」などに代表されるように、マニュアルに近い方法論的なものが多かったように思うのです。マニュアルができると熟練者がいなくてもそこそこ仕事がはかどるという便利さはありますが、状況が変化すると対応できないという難点も併せ持ちます。これが、簡単に一筋縄ではいかない理由の大きな1つです。

　例えば作業道の路盤を締め固める場合でも、10tの荷重に耐える路盤をその場所の土壌で造る方法に「これで大丈夫」というものはありません。一定の土質ならともかく、異なる土を同じように締め固めても同じ強度にはならないからです。場所ごとに土質や含水率を判断し、キメ細かに締め固めるより手はないのです。何度も繰り返しますが、こうしたことは路網開設のみならず、森の手入れでも木材生産でも同じことです。

　そこで必要となるのが「原理・原則」です。ここでいう原理・原則とは、原理＝そのものを成り立たせている根本（理由）のこと。原則＝原理を適用させるための約束事です。言葉を替えると「原点に立ち戻ってなぜなのかを考え、対処方法を工夫すること」ともいえます。

こうした仕事の仕方が身についてくると、仕事への理解度がグーンと深まって勘が鋭くなり、状況変化への対応幅も格段に広がってきます。その結果、まるで別人になったのかと思うほど仕事ができるようになります。

　少し余談になりますが、世の中には、磨いた鉄板の表面を指で触るだけでミクロン単位の凹凸が分かる人だとか、無造作に掴んでいるように見えて米500粒キッカリの寿司を握れる達人など、信じられないような離れ業をやってのける人がいます。彼らの勘はまるで神業ですが、マニュアルを使っている限り、永遠にこのレベルへは到達しません。

　武田信玄が世に広めた孫子の兵法に「人は城　人は石垣　人は堀……」とあるように、ここまで荒れた日本の人工林を再生させるには、神業ではなくてよいけれども、やはり原理・原則をきちんと踏まえたホンモノの知識と技術を持ったプロの林業人が増えなければ、どうにもなりません。

　本書は、これから林業で身を立てようとされる方や、すでに山で働いてはいるけれども、さらに向上して本物のプロを目指す方に向けて、複数のベテラン林業人たちが、経験を通じてジャンル別に林業の原理・原則と言えるものをピックアップしてまとめたものです。楽しみながらページをめくり、多少なりとも皆様方の日々の業務に役立てていただけたら幸甚です。

2020年6月　筆者を代表して

湯浅　勲

目次

第1部　伐木作業の原理・原則　　杉山 要

第2部　伐出機械作業（システム）の原理・原則

湯浅 勲

伐木作業の原理・原則

杉山 要

伐木作業の1つ1つの動作には理由があり、その理由を考えると最も望ましい方法が存在します。
　作業を問題なく完結させるために得なければならない情報を常に意識し、これらの情報にあなた自身が即答できる状態で作業に臨んでいるかが重要です。安全に伐木作業を進めるための原理・原則を紹介します。

原理・原則

- ☐ 動作の理由
- ☐ 立木の重心
- ☐ 伐倒方向の決定
- ☐ 伐倒時の退避
- ☐ 間伐作業での伐倒
- ☐ 受け口、ツル、受け口の斜め切り
- ☐ 会合線、ツルの高さ
- ☐ 動作の改善法、精度向上のプロセス
- ☐ 災害木の処理、牽引伐倒、追いヅル伐り
- ☐ 工程の把握
- ☐ 間伐の目的
- ☐ 刃物の取扱い
- ☐ 労働災害、危険予知活動、安全作業の合図
- ☐ 防振対策
- ☐ 指差し確認
- ☐ 体調管理、メンタル管理
- ☐ 完成形のイメージ

伐倒の設計①
動作の理由を常に意識する

伐倒の設計－1つ1つの動作の理由を意識する

　毎日何十本と伐倒をしている中で、「おや？　どうしてここでかかり木をしてしまうのだろう？」と感じる瞬間があるのではないでしょうか。その時に振り返っていただきたいことの1つが、果たしてその伐倒に設計＊があったかどうかということです。

　ここでまず考えるべきことは、同じ失敗を繰り返さないように、失敗の原因を分析し、次からの作業に活かすという発想を持つことです。作業中は、体が覚えているそのままに流れるように動作をしてしまいがちです。それでも結果がOKな間はよいのですが、それを繰り返すうちに、例えばかかり木のようなトラブルに直面することになります。

　反省点は、単純なことの繰り返しと思いがちな伐倒にも、実際には1つ1つの動作に理由があり、その理由を考えると最も望ましい方法が存在するはずなのに、無意識な動きの連続だけで、伐倒木をコントロールするという意識がなくなったということです。

　こうした失敗は特に、伐り捨て間伐のような、言ってみれば時間との闘いのときに、あるいは伐倒の対象が比較的小さい木のときに発生しがちです。木が倒れるメカニズムも、そして判断を誤った際のケガの怖さも、木

の大きさとはそれほど関係しないことを考えれば、プロにはむしろ、油断しがちなこういう時にこそ意識して動作を進める用心が欠かせません。

> ＊設計……１つ１つの動作の理由を考えて、必要に応じて数値化もしながら、合理的な方法を検討すること。例えば、受け口の角度を30度にするのならば、「なぜ30度なのか」であったり、「退避場所はどうしてそこに設定するのか」というように単に「いつもそうだから」や「何となく」ではない、その作業の安全な完成に向けた計画。

チェック項目に即答できる状態で作業に臨む

　作業を問題なく完結させるために得なければならない情報は以下のとおりです。
・当該立木の樹高の２倍に相当する距離を半径とした周囲の安全
・伐倒木の重心
・枝がらみ
・ツルがらみ
・風（方向・強さ・方向と強さの変化のしかた）
・木が倒れる経路上の三次元的な障害
・重心要素としての伐倒木と周囲の着雪、着氷、着水の状態
　最も重大なのは、このチェックリストにあなた自身が即答できる状態で作業に臨んでいるか、という点に尽きます。
　そして、その上で伐倒方向を決める要素には、障害物との関係、追い切りの際の自分の立ち位置が優先事項として挙げられます。さらに収穫を伴う場合は集材方向や、材の質を問われるときは伐倒時の材が受ける衝撃を考慮します。
　作業に慣れた人に多いヌケが、退避場所の確保です。常に生まれて初めて伐倒作業をした時の感覚を思い出し、適切な退避場所がないのであれば、もう一度伐倒方向を検討し直す慎重さが必要で、これが伐倒でのフィードバック作業です。
　確認ができたらいよいよ伐倒の設計です。次項から順を追って説明します。

伐倒の設計②
重心は樹高の約半分の高さにある

1. 立木の重心の見極めは伐倒作業の重要な情報である。

2. 立木の重心の高さは、枝と葉の重さを加えると、樹高の半分かそれよりもわずかに下である。

3. 傾きや曲がりのある立木の重心も、底面の中心から梢までを結ぶ直線の中心付近にある。

立木の重心の見極めは伐倒作業の重要な情報である

　作業の際、立木の重心を正確に見極めることはほぼ不可能ですが、そのことは見極める努力や工夫をしなくてよい、ということではありません。

　伐倒作業の研修会などで、多くの現場経験者が直感だけに頼って対象木の最も倒れやすい方向を見極めていることに驚かされます。そのような時、上に記したことを説明し、木の根元に抱き付くように立って樹冠を見上げながら、注意深く幹の周りを一周してもらうと、幹の曲がりや、枝の量と張り出す方向の偏りを見て、横方向の重心が最初の直観とは異なることに気付きます。またそれに加えて、少なくとも樹高程度の離れた位置から、できれば対象木の周りを一周することでも、その木自体が倒れやすい方向を見直すことに役立ちます。

樹高の半分の高さに重心がある

　重心を比較的予測しやすい針葉樹に限定して、高さ方向の重心位置について考えてみます。最初に、重心を求めるための針葉樹モデルの元として、直円錐、つまり傾きのない円錐をイメージします。この重心の位置は、高

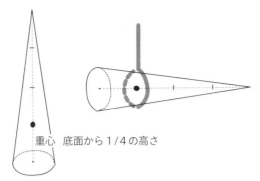

図1-1　全幹材（円錐）の重心の位置

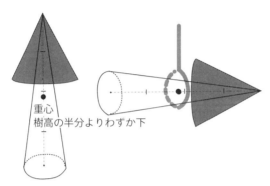

図1-2　全木材の重心の位置

さがどんなに高くなっても必ず底面から1/4の高さのところにあります。例えば、枝も葉もない密度も均一な20mの立木が、地際から先端まで一直線にうらごけ*¹の状態で生えている場合、重心は地際から5mの位置にあるということです。ですから、これを全幹*²で玉掛けする場合、あるいはリフトですくうには、元側から5mの位置で行えば、水平に持上げることができるわけです（図1-1）。

　全木材をプロセッサなどで吊り上げたことのある人は、ここで円錐のモデルは非現実的なことに気づいたのではないでしょうか。現場で木を水平に吊ったり持上げるときの基準に考えるのは、木の端からではなく中心からのはずです。

　つまり、針葉樹を倒すときに見極めるべき重心の高さは、私たちが人工

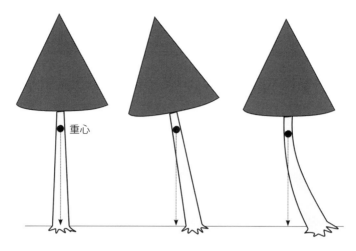

図1-3　傾いた木の重心の位置

林で扱っているたいていの木の場合、枝と葉の重さを加えると、全木[*3]を吊り上げる際の経験から、たいていは樹高の半分か、それよりもわずかに下であることが分かります[*4]（図1-2）。

＊1…幹の根元から上への細りの著しいものを梢殺材(うらごけ材)という。一方で、細りの少ないものは完満材(かんまん材)。
＊2…伐倒・枝払い後の木の状態（枝葉のない幹）。その状態で搬出して造材するのが「全幹集材」。
＊3…伐倒した木のままの状態。その状態で搬出して造材する「全木集材」。
＊4…「スギ枝葉の立木重心への影響」(上村巧他、関東森林研究No.60(2009))

傾いた針葉樹の重心

　大雑把ではありますが、樹高の半分の高さに重心があるとして、傾いている針葉樹について考えてみます。仮に、枝葉がすべての方向に均等に張っているとすると、この立木の重心は図1-3のように底面の中心から梢までを結ぶ直線の中心ということになります。

　次に、曲がった針葉樹はどうでしょうか。この場合にも、同じように大体の重心の位置を求めることができます。この時、重心の地面への投影点は図のように幹の外にあることが分かると思います。

原理・原則3―伐倒方向の決定

伐倒の設計③
後工程を考えて伐倒方向を決める

① 伐倒後の集材工程や製材*を意識して伐倒方向を決める。

② 伐倒方向は残存木を傷つけないことが前提となる。

③ チェーンソーのガンマークを活用して伐倒方向をねらう。

伐倒方向は倒しやすさだけでなく、後工程の集材効率も加味して決定する

　伐倒の設計で最初に考慮すべきことが伐倒方向です。林内には全く同じ条件の木はありませんので、伐倒方向の決定に必要な確認項目を、対象木に照らし合わせてその都度丁寧にチェックする癖をつけないと、いつまでも「何となく、あの辺に倒れる」伐倒から次の段階へスキルアップすることができません。

　このとき忘れがちなのが、倒れた後の木の動きです。例えば、30度程度の傾斜地で集材する現場での点状間伐を考えてみましょう。

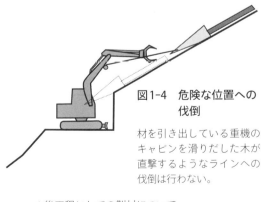

図1-4　危険な位置への伐倒

材を引き出している重機のキャビンを滑りだした木が直撃するようなラインへの伐倒は行わない。

　まず論外なのは、自分の作業の後に集材工程や製材*が続くことを全く意識していない伐倒です。後工程、つまり集材・造材のしやすさを考えて、伐倒方向を決めなければなりません。もしも集材作業の経験のない者が伐倒を行っているのならば、そこにはかなりの改善点がある

*後工程としての製材について
もしも伐倒方向に大きな岩がある場合は要注意です。筆者は、伐倒の際に発生したと考えられる、表面には見えない幹の割れが原因で、製材機の帯鋸をはずしてしまったという仲間の製材業者の話を聞いたことがあります。

写真1-1　チェーンソーについているガンマーク（ガイドライン／伐倒方向照準用）
ガンマークを用いて、自分の視線と伐倒方向をねらう際の目安とする。

かもしれません。

　最も危険なことは、図1-4のように単胴ウィンチで材を引き出している重機のキャビンを、滑りだした木が直撃するようなラインへの伐倒です。

　そして同じくらいに気を付けなければならないのが、間伐の場合には作業の目的が、残された木の正常な価値成長にあることをわかっているかどうかなのです。集材の際に伐倒木がどのような順序と経路で動くのかは、複数の木が影響し合いながらの動きですし、全木と全幹の違いによっても異なりますが、それらの要素をすべて勘案しながら、樹皮剥がれなどで残存木を傷つけないことを前提に伐倒方向を決定しなければなりません。

ガンマークを活用し伐倒方向を決める

　多くのチェーンソーにはガンマークがあるのですから、これを使ってピンポイントでの伐倒方向決定を心がけてもらいたいものですが（42頁参照）、この際、集材を伴う伐倒では、その方向にある伐根や岩の山側、谷側、と言った集材のしやすさと密接に関係したものを狙うことが効果的です。

　伐倒木が跳ね上がる要素がないか、もしも跳ね上がった場合に、十分な退避ができるかどうかも方向決定の際の留意点ですが、この跳ね上がりの要素も、ガンマーク越しに伐倒ラインをイメージすることで、より見えやすくなる場合があります。

原理・原則4―伐倒時の退避

伐倒の設計④
伐倒時の退避は重要な「仕事」である

Point

①伐倒時の退避は、重要な仕事の1つである。

②追い切りは木を倒すための最終手続きであり、かつ退避の準備動作である。

③追い切りで伐倒対象木の谷側に立つことは、山側に立つよりも危険である。

退避方向・場所の選定が重要

　伐倒時の退避は、プロにとって（もちろんアマチュアでも）重要な仕事の1つであると考えましょう。逃げない人は手を抜いているのです。ですから、伐倒の設計要素の中には、退避方向と退避場所が高い優先順位で組み込まれなければなりません。

　これほど重要かつ深刻なことのはずなのに、林業に就いて数年、極端な場合は数カ月で慣れて気が緩み、ほとんどの人が木が倒れはじめても2～3歩離れるだけで、まるで倒れる様子に見とれているようになります。

　危険に対する麻痺の原因は、何度も伐倒を繰り返すうちに、逃げなくても大丈夫だと感じるような間違った反復行為にあります。それは、十分な退避をせずにヒヤリとした経験を思い浮かべれば、誰でも納得できるはずです。そのため、自分の行動に対して、意識的に安全サイドに重きを置くことがどうしても必要になるのです。つまるところ、意識的に退避するということです。

追い切り時の立ち位置を意識する

では退避とは何から距離を取るのでしょうか。追い切りで動きはじめた木は、ツルが失われた瞬間に様々な動きをする可能性がありますから、倒そうとする木そのものから離れなければなりません。また、伐倒木

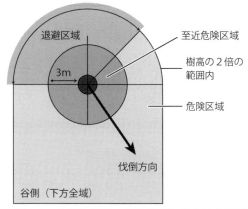

図1-5　伐倒作業時の退避区域と立入禁止区域

が他の木に触れることで生じる落枝や、周囲で折れる枯れ木、災害発生の原因としてよく見られる、枯れ木の共倒れも考慮しなければなりません。現場がある程度の傾斜地ならば、衝撃によって斜面上部のものが転がり落ちてくる可能性もありますし、平らな場所でも、跳ね上がったものが大変な勢いで飛んでくるかもしれません。

複数の対象から身を守るためには、ただ伐倒木から離れるだけではなく、可能であれば物陰に隠れるのが格段に効果的です。

退避の方向が決まれば、退避の直前、つまり追い切りを行う際の立ち位置も決まります。追い切りが、木を倒すための最終手続きであると同時に、退避のための準備動作でもあると考えると、傾斜のある現場での追い切りの際に、伐倒対象木の谷側に立ってチェーンソーを構えることが、山側に立つことよりも危険であることに気付くはずです。ところが研修会などで確認をすると、かなり多くの人が、どちらが谷側なのかを知らずに作業していることに驚かされます。伐倒対象木を前にした時、退避行動と同じように自分が山側・谷側のいずれに立っているのかを意識することも忘れてはなりません。

伐倒の設計⑤
残存木を傷つけない伐倒方向を選ぶ

Point

①間伐作業での残存木への傷付けは、材の生理的変色、腐朽菌、害虫の侵入のリスクを高める。

②間伐作業では、残存木へのダメージが極力小さくなるように伐倒方向を決定する。

③切り捨てた木による残存木の幹への圧迫を排除する。

ピンポイントの伐倒で残存木への傷を避ける

　間伐作業では、木が倒れる最中や倒れてからどのような動きをするかイメージしなければなりません。特に、樹皮の剥けやすい時期の作業で、伐倒した木が残存木を傷つけるようでは、間伐の目的から考えると作業そのものが逆効果ということになります。

　伐倒木が残存木につける傷でまず思い浮かぶのは、衝突による枝折れと樹皮を剥いてしまうことですが、幹ばかりではなく、根に傷をつける可能性も考えなければなりません。これらの傷は、残存木に生理的な変色が起き、腐朽菌が侵入する原因となり、また枝折れは、樹種によってはカミキリムシなどが侵入するきっかけにもなってしまいます。森林を健全に保つために行う間伐作業が、逆に生理的な変色や病虫害発生のリスクを増やしてしまったら何にもなりません。

　こうしたダメージは、将来商品として収穫される残存木の値打ちを著しく下げてしまうものですから、間伐作業を行う場合の伐倒方向の決定には、これらのダメージを極力少なくする配慮が欠かせません。

例えば、「障害物のない、あの木とあの木の間に倒せばよい」のではなく、「伐倒木の倒れるラインをシミュレーションして、残す立木の枝にもっとも衝突の少ないところをめがけて、受け口を向けなければならない」ことになるわけですから、狙いは自ずとピンポイントでの伐倒ということになるのです。

写真1-2　曲線的に挟まるように倒れた木
伐倒木の玉切りは残存木を押し付ける力をなくすような工夫が必要である。

伐倒木による残存木の幹への圧迫を排除する

　伐り捨て間伐の現場でよく目にする、伐り捨てて倒した木が残存木の幹を圧迫している光景も、間伐の目的を考えると排除しなければなりません。倒した木の辺材部分が完全に腐るまでには、条件によっては10年近い年月がかかりますから、残存木との接触部分はその間ずっと圧迫されることになります。

　切り捨てた木が、3本の残存木の間に曲線的に挟まるように倒れた場合には、弓なりになった倒木で圧迫する力はより強くなります。また、切り捨てた木が何本も重なることで、その組み合わさった重さで残存木に押し付けられる場合もあります。

　このようなことを考えると、伐倒木の玉切りは残存木に押し付けられる力をなくすように工夫する必要があります。それと同時に、弓なりになった倒木には大きな力が溜まっているわけですから、その力を解放させる玉切り作業では、十分な手順の検討も必要になります。

伐倒の設計⑥
受け口は少しずつ拡張し
確実につくる

Point

① 木の繊維方向に直角に切り込む方が、斜めに切り込むよりもチェーンソーをコントロールしやすい。

② 切りすぎない位置から切り込んで、少しずつ受け口を拡張させていく。

正確な受け口が伐倒方向をコントロールする

　受け口をつくる目的の1つに、伐倒方向のコントロールがあります。たいてい受け口づくりには斜め切りと水平切りという二つの動作がありますが、その順番に理由はあるのでしょうか。すべてのことには理由があるはずなので考えてみます。

　研修の現場で研修生に受け口を作っていただくと、8割くらいの人が水平の下切りから始めます。理由を尋ねると、多くの人が「この方が切りやすいから」と説明してくれます。これは経験から得られる貴重な情報で、木の繊維方向に対して直角に切り込む方が、斜めに切り込むよりもチェーンソーをコントロールしやすいことを、多くの人が意識せずに感じていることを意味します。

　では水平切りが無事に完了したとして、設計通りの角度で、そこにピタリと合わせる斜め切りは、やりやすい作業と言えるでしょうか。実は、水平よりも作業しにくいはずの斜めの切削ラインで、目的の場所に一発勝負で合わせるのは難しいことなのです。

　経験年数3年のプロでも、この順序でラインを寸分たがわず合わせられる人は恐らく全体の3割程度です。つまり残り7割の人は、この時点で斜

め切りの角度、深さ、方向のいずれか、またはそのすべての点で予定通りの受け口づくりができないわけです。

受け口は少しずつ拡張し確実につくる

水平切り、斜め切りのどちらから始める場合でも、ピンポイントの狙いで受け口をつくる確実な方法は、最初に決めた切削ライン、つまりツルの前側のラインに向けて、次の切込みを一発で合わせようとするのではなく、切りすぎない位置から切り込んで、少しずつ受け口を拡張させてゆくやり方です。実際に、絶対に失敗できない伐倒の場合には、この手順か類似した方法で受け口をつくる人が少なくないはずです。

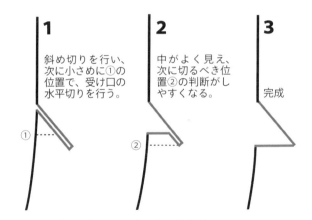

1 斜め切りを行い、次に小さめに①の位置で、受け口の水平切りを行う。

2 中がよく見え、次に切るべき位置②の判断がしやすくなる。

3 完成

図1-6　受け口をより正確に作る簡便法

図は、受け口をつくる際に、いったん小さく三角形の部分を取り去り、オープンにして切り口がよく見える状態にして、仕上げる方法。受け口の中を見やすくすることで、斜め切りがうまく行われているかも確認することができる。
（図:「小田桐師範が語るチェーンソー伐木の極意」
　　著・小田桐久一郎　聞き手・杉山要）

斜めと水平のラインを合わせやすい順番

ラインの合わせやすさという点で、受け口を作る順番を考えると、斜め切りの角度を大きく設定できる場合に限って、最初に斜め切りから始める

方法の利点があります。

　最低でも60度、あるいはそれ以上の角度で最初に斜め切りを行うと、作業姿勢を保ったままでも切り口の中が見えるようになります。このことは、自分のいる場所から反対側にある受け口の接合点が見えていることを意味しますので、ただ勘に頼って次の切込みを入れるよりも格段に精度が高まります。また、常に切り口の中が見えているということは、あとから切り始める水平切りがオーバーランすることの予防にも役立ちます。

　受け口を水平切り・斜め切りのいずれから始めるかは、長年やり慣れた方法の方が確実にできる、という考え方も間違いではありません。ここで述べたことについて、両方のやり方を何度も試していただき、1つ1つの要素の理由を吟味し、納得してから自分の方法とすることが重要です。

写真1-3〜写真1-5　受け口の微調整の方法

斜め切りを途中で止め（写真上）、チェーンソーの刃が止まった状態で、バーをテコにして受けの木片をもぎ取る（写真中）。木片をとり終わったあと、受け口の中を整形する（写真下）。
（写真：全国林業改良普及協会編『林業現場人　道具と技vol.4　正確な伐倒を極める』特集1　西間健さんの伐倒より）

伐倒の設計⑦
ツルの役割－伐倒方向と
倒れるスピードをコントロールする

Point

① ツルは安全に伐倒作業を終えるための命綱となる。

② ツルとして機能する部分の高さが、木が倒れるスピードをコントロールする。

安全な伐倒作業のため、ツルを正しくカービングして残す

伐倒作業では、ツルを正確に残すように心がけることが一般的です。では、ツルは何のために残されるのでしょうか。ツルを残す目的が整理できなければ、ツルの設計をすることはできないはずです。

作業の際、誤ってツルの一部分を切ってしまった時のことを思い出してください。木が伐倒方向に対して横に傾き、チェーンソーや鋸を挟まれたのではないでしょうか。あるいは木が回転しながら予定外の方向へ倒れはじめたのではないでしょうか。

ツルは安全に伐倒作業を終えるための命綱なのです。チェーンソー伐倒のポイントは、イメージした通りのツルを伐根に刻む(残す)チェーンソーカービングなのです。

ツルが伐倒方向を保つためのものならば、重心のページ(25頁)で考えた、すべてが均等な針葉樹モデルの場合、その厚さは伐倒方向線に対して左右対称に均等のものでなければならないはずです。ただし、ここで注意しなければならないのは、左右対称とは言っても、中心部に向かって厚みが増してゆく断面形状にしてしまうと（図1－7）、追い切りの際、ツルの厚みが外側から見ると木が動き始めるはずの厚みになっているのに、木が動き

はじめないために、誤ってさらにツルの外側を薄くしてしまうことにつながりますから注意が必要です。この状態を避けるためには、受け口の方向からあらかじめ芯切りを行うことが効果的です。

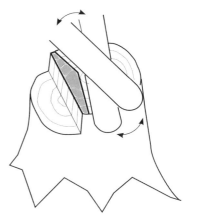

図1-7　ツルの中央部を厚くしない

木が倒れようとする力にツルがブレーキとして働く

　受け口の水平切りと、追い切りの高さに差をつけた場合、伐倒方向の真横から見たときの、ツルとして機能する部分の断面形状は正方形または長方形のどれかになります（図1-8）。これをさらに立体的に見ると、直方体、つまり箱型の木の固まりとして捉えることができます。この箱型の構造そのものが、木が倒れようとする力にブレーキをかけることで、倒れはじめるときのスピードを緩和します。高さの差を設けることで、ツルの繊維方向に作用する剥がれまいとする力が働いているのですが、このことは、クサビで重心を移動させる際や、チルホールなどで牽引伐倒をする場合に、経験的に高さ方向のツルを少なめに設定することからも思いあたるはずです。

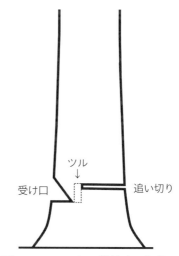

図1-8　ツルとして機能する部分
　　　　（点線部分）

ツルとして機能する部分の断面形状は
正方形または長方形になる。

　ツルの高さ方向の機能については、極端な例として図1-9のように追い切りを極めて高い位置に設定した場合に、果たして木が動き始めるか、

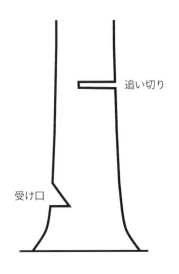

追い切り

受け口

図1-9　追い切りを極めて高い位置
　　　　に設定した場合に木が動き
　　　　始めるか？

ということを考えるとわかりやすいで
す。
　また近年、ヨーロッパの伐木のテキ
ストに見られる、ツルの高さを設けな
い方法（受け口の水平切りと追い切りの
ラインが同じ高さ）には、適切なツルの
厚み（横幅）を見やすくすることと、伐
倒の最終段階までツルを壊さずに方向
を制御し続けるという目的があります
（45頁）。

伐倒の設計⑧
受け口の斜め切り－角度が大きい
ほどツルを引きちぎる時期が遅くなる

Point

1. 受け口の斜め切りの終点が深いほど、木の重心は容易に移動する。

2. 斜め切りの角度が大きいほど、ツルを引きちぎる力のかかる時期が遅くなる。

3. かかり木が想定される伐倒では、受け口の角度を大きくする。

受け口が閉じたときにツルが引きちぎれる

　伐倒方向のコントロールの他に、受け口を作る目的を考えてみます。まず受け口は、適切なツルを作るためのプロセスであると捉えなければなりません。つまり、その伐倒に必要なツルの、厚み・高さ・長さが設計されてはじめて、受け口を作ることができるのです。

　受け口の斜め切りの終点は、求めるツルの長さと伐倒木の重心移動の開始時期によって決定します。立木の断面形状が仮に真円の場合、ツルの長さは円の中心を通る線の位置で最も長くなり、そのことに伴い強度も最大になります。

　木の倒れようとする動きは、その木の重心がツルの両端を結ぶ線を越えた時点ではじまりますから、斜め切りの終点が深いほど、木の重心の移動は容易になります。

　斜め切りの角度には、前述した作業のしやすさの他にも理由があります。木が倒れはじめると、受け口が閉じきる時に、ツルには受け口の先端を支点として、伐倒木全体をテコにした大きな引きちぎろうとする力がかかりますから、斜め切りの角度が大きいほど、つまり受け口が広いほど、受け

口が閉じきるのは伐倒の遅い時期になり、この引きちぎろうとする力のかかる時期も遅くなります。

　例えば90度よりも広ければ、傾斜のない場所では木が倒れきった時点でも受け口は閉じませんから、伐倒木の接地の衝撃を除けば、ツルにはこの引きちぎろうとする力はかかりません。

斜め切りの角度でかかり木を回避する

　想定した伐倒方向に、他の立木の枝などのかかり木の原因となる要素がある場合、斜め切りの角度によっては、先述したテコの力が不十分な状態で受け口が閉じるため、かかり木になりやすくなる場合があります。

　説明のためにまず樹高3ｍ、伐根直径5ｃｍの小さな木を想定します。この程度の木で30度未満の比較的狭い受け口を作って伐倒してみると、木の重量、つまり先述したテコの力が不十分なために、ツルが引きちぎれずに受け口が閉じた時点で木が傾いたまま動きが止まることがあります。これは受け口が閉じたことによる抵抗とでも呼べる現象です。

　木の重量がツルを引きちぎるのに十分な大きな木の場合でも、かかり木の要素があると、その要素による抵抗と、この受け口が閉じたことによる抵抗が組み合わさってかかり木が発生します。このかかり木は、理論上は受け口の角度を拡張することで解消できる可能性が大きいのですが、すでに閉じているかかり木の受け口を拡張するという行為が危険であることはいうまでもありません。したがってかかり木の要素のある伐倒では、あらかじめ受け口の角度を十分に広くすることが必要です。

伐倒の設計⑨
伐倒方向に会合線を直交させる

Point

① 会合線が伐倒方向に直交しているかを必ず確認する。

② チェーンソーのガンマークで自身の照準のズレを補正する。

追い切り前に受け口と伐倒方向を確認する

　追い切りは木が動き始める最終段階ですので、すでに方向のコントロールは不可能です。であるにも関わらず、伐木経験のかなり長い人でも、受け口が完成するとそのまますぐ追い切りを始めてしまうことが少なくありません。このような習慣が何を意味するかと言えば、「あそこに倒す」のではなく「あのあたりに倒す」伐倒作業の常態化です。

　受け口、つまりツルの指し示す方向は伐倒方向を決定する最大の要素ですから、それを作り終わった時点で、どのようなベテランにも、ツルの受け口側のライン(会合線)が伐倒方向に直交しているかどうかの確認は最低限行ってもらいたいものです(図1-10)。

　確認方法は様々です。受け口を背にして伐倒方向を視準する方法をよく目にします。このとき、両手を後ろにまわして親指でツル前面の両端を触れるようにすることで、より確認の精度を高める工夫をしているベテランもいます。

　また、伐倒の目標点まで移動して受け口に身体を向け、体ごと左右に動いて見ることで、完成した受け口の正確な方向を把握するやり方もあります。離れたところから受け口を見るこの方法は、特に受け口を何度か修正して斜め切りのラインがいびつになっている場合などは、方向を見誤りや

図1-10　会合線が伐倒方向に直交しているかを確認する

すくなるので注意が必要です。

ガンマークで自身の照準のズレを補正する

　チェーンソーによる伐倒で受け口の方向の最終チェックによく使われているのが、チェーンソーに刻まれたガンマークを使う方法です。チェーンソーのガンマークの使い方の基本は、取扱い説明書等に詳しいですし、さらに重要な照準の際の作業者の姿勢は、伐木競技会での競技者の姿勢を参照すれば理解していただけると思います。

　新しいチェーンソーを購入した際、筆者は最初にそのガンマークと自身の照準のズレを補正します。これは本人の照準の癖や、メーカーや機種によるガンマークのズレを修正するために必要な作業です。

　その方法は、まずピンポイントでガンマークでの伐倒を行い、伐倒後に必ず伐根の伐倒方向の180度後方に座って、会合線の中心に直交するラインがどれだけ標的からずれているかを確認します（図1-11）。この作業を複数回行うことで、そのチェーンソーのガンマークはようやく実用レベルに達します。

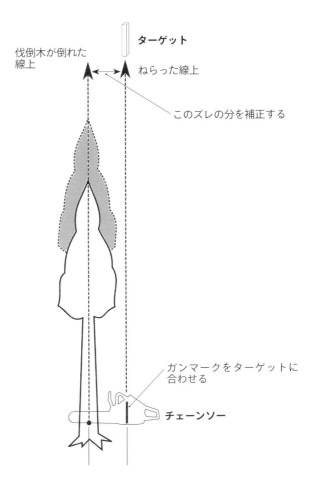

ターゲット

伐倒木が倒れた
線上

ねらった線上

このズレの分を補正する

ガンマークをターゲットに
合わせる

チェーンソー

図1-11　ガンマークと伐倒方向の関係

できれば樹高分くらい離れた地点にテープを巻いた棒などの標的を立
てて伐倒する。ガンマークの目標と実際の伐倒方向にズレが生じてい
る場合には、ガンマークの目標と実際の伐倒方向のズレを認識（ガン
マークの照準のズレを補正）した上で伐倒方向を定める目安とする。
（図：『小田桐師範が語るチェーンソー伐木の極意』著・小田桐久一郎
　　　聞き手・杉山要）

伐倒の設計⑩
ツルの高さが木の倒れやすさに作用する

Point

① ツルの厚さが一定であれば、高さが低いほど早い段階で木が倒れはじめる。

② 北欧スタイルの伐倒は、ツルの切りすぎ防止の安全面から、受け口の水平切りと同じ高さで追い切りを行う指導がなされる。

ツルの高さが低いほど木の重心を動かしやすい

伐倒の設計にあたり、受け口の水平切りに対する追い切りの高さ（以下、ここでは「高さ」と略します）は、どんな理由によって決まるのでしょうか。

図1-12はイメージとしてご覧ください。ツルの厚みは伐根直径の10％です。読者の経験から思い起こして、まず左図の追い切りをしたとき木が倒れはじめるでしょうか。そこで倒れはじめないとすると中図の高さではどうでしょうか。どちらも結果に大きな違いはないはずです。

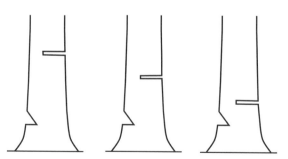

図1-12　ツルの高さが低いほど木の重心を動かしやすい

　次にこの原理で徐々に追い切りの高さを下げるシミュレーションをしてください。ある高さに設定した時、木は伐倒方向に倒れはじめるはずです。このことは残すツルの厚みを一定にすると、追い切りの高さは木が倒れはじめることができるかどうかに関係するということを意味します。相関して十分に高さの低い位置であれば、それより高い位置よりも、よりツルの厚い段階で木が倒れはじめるということでもあるのです。

　また同じメカニズムで、クサビや牽引などで木の重心の位置を動かしたい場合、ツルの厚みが一定とすると、高さが低いほど木の重心を動かしやすくなります。

北欧スタイル－追い切りは受け口の水平切りと同じ高さ

　北欧のインストラクターは、追い切りを受け口の水平切りと同じ高さで見ることにより、残すべきツルの厚みを直接確認でき、ツルの切りすぎを防止できるという安全面から、高さのない追い切りを指導します（図1-13, 1-14）。それと合わせて、クサビやフェリングレバーを木が動きはじめない安全な段階で確実に挿入するということと、ソーチェーンバーが挟まれることを防止する意味で、木の太さに関係なく追い切りを伐倒方向に対し

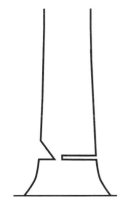

図1-13　追い切りを受け口の水平切りと同じ高さとしたイメージ図

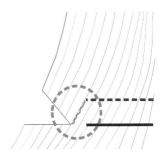

図1-14　ツルとして残す箇所の木の繊維の流れ
木の繊維が図のように斜めになっている場合には十分なツルを確保したかどうかが分かりにくくなる。また追い切りを点線の位置で行うと繊維に沿って裂け、ツルとして機能しない可能性もある。

て2分割で行います（図1-15、1-16）。この際の最後の追い切り、つまり2回目の追い切りは、1回目よりも数ミリ～十数ミリ下で行います。

伐倒の最終段階まで閉じない受け口を作った場合、ツルの厚さはそのままツルのちぎれにくさと関係しますから、もしも最後まで方向の狂いとなる木の回転を起こしたくなければ、より厚みのあるツルを残すことができる、高さのない追い切りが有利です。

木が倒れはじめたら、最後に倒れ終わって材が動かなくなるまでのツルと、受け口の閉じる過程を観察すると、改めて伐倒のメカニズムを理解することができます。また、余裕をもって観察できるくらい十分に遠く安全な場所にいられるかどうかが問われているということでもあります。

> 注　受け口の水平切りと追い切りの高さを等しくした場合、ツルの裂けた部分が伐根の側に残りやすく、芯抜けとして収穫する木材の側に無駄（不要な木材消費）が生じる、と書かれている文献もあります。

追い切りを2分割で行う方法

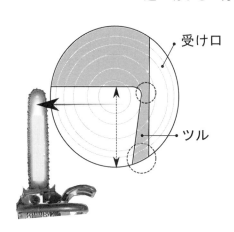

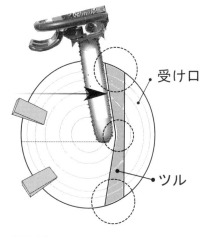

図1-15
追い口切りは2回に分けて行う。1回目追い口切りは突っ込み切りを行い、まずツルをつくる。ツルの端をしっかり残し、中央のツルを薄めにつくる。切り終えたらクサビを打ち込む。

図1-16
追い口切り2回目は、1回目と2～3cmの段差をつけ（上下どちらでも可）、2回目も直径の60％程度を切り、ツルの端をしっかり残す。2つ目のクサビを打ち、倒す。

（図ともに『小田桐師範が語るチェーンソー伐木の極意』
著・小田桐久一郎　聞き手・杉山要）

原理・原則11―動作の改善法

フィードバック①
振り返りとフィードバックで
動作を改善する

Point

①動作を意識的に行うことで作業のモチベーションやスピードが上がる。

②作業の振り返りとフィードバックによって自己の動作を修正する。

動作の改善には振り返りとフィードバックが必要

　よりよい方法を求めようとすれば、伐倒に限らず、あらゆる作業要素に振り返りとフィードバックは必要です。振り返りのためにはまず今完了したことにそもそも設計があったかどうかが重要です。一見何気なく行っている伐倒作業の1つ1つに意識的に動作を行う設計が無ければ振り返えることができません。

　例えば育林作業での下刈りにおいて、ほとんどの人が、山割りや目立ての他には改善の余地はないと考えがちですし、実際に研修会の場でも多くの講師が「下刈りについては、プロには何も説明することはない」と言います。しかし、実は刈払機の一振り一振りに改善のためのフィードバックのチャンスが潜んでいて、その結果に基づく動作を意識的に行えるかどうかで作業のモチベーションやスピードが上がり、相関してあのきつく長い作業が少しでも楽になるかどうかが決まるのです。

　また、不幸にも作業中にケガをしてしまったときを思い起こしてみてください。ケガは日々の作業をより安全にステップアップするための、貴重なフィードバック材料です。たとえ不可抗力によると考えられるものでも、そこに1パーセントでも自分の意識に由来するものがないかどうかを確かめなければいけません。ことによると、根本的な自己の適正面のマイナス

要因にたどり着くかもしれませんが、恐れることはありません、もしもあなたが技術者であろうとする自覚を持つのなら、そのマイナスは意識によって十分に制御できるものです。

伐倒作業の振り返りとフィードバック例

　林業における振り返りとフィードバックは、事業体の経営方法に関するものから、日々の作業動作１つ１つに至るまで、すべてに必要で効果的なツールです。他の頁と重複しますが、それを伐倒方向で考えてみましょう。

　伐倒作業で木が様々な要因でターゲットから外れたとします。まず、その要因が現状の自分に予測困難なものだったかどうかを確認します。これが振り返りです。

　次に伐根の伐倒方向の180度反対側に自分の身を置き、ターゲットに正対します。目の高さを上げたり下げたり、つまり立ったりしゃがんだりしながら、確認しやすい高さを決め、受け口側のライン（会合線）に直交するラインがターゲットを向いているかを確認します。三角定規（二等辺三角形）を使うくらいの慎重さであれば完璧です。受け口の直交線がターゲットと一致しているかどうか、チェーンソーにガンマークがあれば、再びツルを結ぶ直線にあててみて、視準し直し、ズレがあればその原因をつきとめ、対処方法を次の伐倒にフィードバックします。このようにして少しずつ自己の動作を修正するのです。

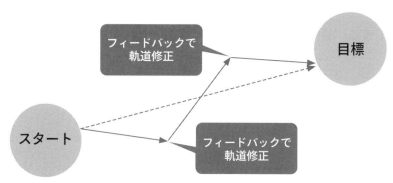

図1-17　目標に正しく向かえるように常にフィードバックで軌道修正する

フィードバック②
目標設定と結果チェックで
技術の精度を上げる

Point

① 伐倒方向をピンポイントで狙う習慣は、最初に癖にすべきである。

② 具体的な目標設定と作業後のチェックによって精度向上のための情報を蓄積することができる。

ピンポイントで伐倒する習慣をはじめからクセにする

　木の大小や作業の困難さなどにかかわらず、伐倒を行うときの伐倒方向はピンポイントで狙わなければなりません。ピンポイントで倒さなければならないというのではなく、狙わなければならないということに注意してください。

　ちなみに、世界伐木チャンピオンシップの伐倒競技では、15ｍ程離れたターゲットにマストツリーを倒し、センチ単位でポイントが付くルールになっています。条件の均一な競技という場で求められるピンポイントと、普段の現場でのピンポイントでは、その精度は自ずと変わりますが、意識の方向性は同じであるべきです。

　そして、この習慣を身に着けるのは、就労してなるべく早い時期、できれば最初に癖にしてしまった方が、ベテランになってから修正するよりも何十倍も苦労が少なくて済みます。そのことは本人の身を守ることはもちろん、事業体の将来にも少なからず影響します。

　伐倒現場、特に伐り捨て間伐などのスピード重視の作業では、木は「あの辺に倒す」、極端な場合は「安全に倒れればどこでもよい」という狙い方で進められる場合もあるのではないでしょうか。ところがこうした作業に順応した人が、ある日、集材を前提とした伐倒を求められたとき、壁に

49

ぶつかってしまうのです。

　この壁は、電線など障害物が隣接する現場で作業しなければならないとき、あるいは後進の作業者に伐倒方法を指導する立場になったときに、より顕在化します。筆者はこれまで、ピンポイントで狙うことのできないベテランの残念な伐倒と、それに対しての気遣いに満ちた賞賛を、数えきれないほど目にしてきました。

精度向上のための日常的なフィードバック

　障害物があっても、多くの要素を理論的に自分の制御下においてさえいれば、確実な作業が可能になります。そうなるための情報はどのように蓄積されるのでしょうか。作業する本人、ひいては事業体全員が精度面での技術を向上してゆくためには、まず1つ1つの作業に具体的な、できれば数値的な目標を設定し、進捗や出来栄えがそこに到達しているかどうか、できなかった場合は何をどのように改善すべきかということが見えていなければなりません。

　伐倒作業の場合、この精度向上のための情報蓄積は、伐倒後の伐根を観察することで達成されます。まず、受け口のツル側のライン（会合線）が、狙い通りの方向に向いているか。それを確認するには、当初、チェーンソーを構えた時の狙いがピンポイントでなければなりません。次に残されたツルの形状が、自分の意図したとおりのものになっているかどうか、そのチェックには完成後のツルの具体的なイメージが必要なのです。伐倒のたびに、こうしたフィードバックを行うことが、精度向上のプロセスなのです。

　後進に指導するとき、「あそこ」に倒すのではなく「あの辺に」にしか倒せないベテランには、何十年経っても説得力はありません。

自然災害木の処理①
完全な手順の構築が必要

自然災害木処理－柔軟な判断力とチームワークが不可欠

　自然災害を受けた木の処理のためには、災害を受けた箇所全体を観察し、頭の中にすべての手順を構築する必要があります。そしてその手順に合わせて、重機を利用することはもちろんですが、もしも重機を持ち込めない場合でも、ワイヤーロープやチルホールなどを積極的に活用することが、安全確保の第一条件です。

　また人材面では、強いリーダーシップに加えて、後述する柔軟性も持ち合わせた技術者の存在が必須です。

　対象木が複数に及んでいる場合、1つの処理の結果、複数のものが関連して動き出すことを考え、退避場所確保の観点から原則的には斜面の上側から作業を行います。通常の伐倒とは異なり、すでに不安定になっている立木や岩などの見落としの可能性もあるので、ロープ掛けなどの準備作業の段階から、作業者の他に必ず広い視野を確保でき、かつ笛やトランシーバーなども活用し、確実な合図をできる監視担当者を置かなければいけません。

　また処理動作、例えば風倒木の切断であれば、その切断に際して起こる他の要素も含めた動きのシミュレーションは、1人の作業者だけでなく2

写真1-6　台風で被災した森林
処理対象木が複数に及ぶ場合には箇所全体を観察し、頭の中に
すべての手順を構築する必要がある。

名以上の作業者で十分な検討を行ったうえで処理を行うことが重要です。
筆者は、経験豊富な作業者がより若手の技術者のシミュレーション結果の
意見を受けて、システムを組み直す場面を何回も目にしてきました。真の
ベテランとは、このような謙虚さ故に生き延びてきた人ではないでしょう
か。

ひと処理ごとの安全措置と確認

　作業が斜面の上から下へと移動していく場合、処理の完了したものが次
の作業の刺激で動きはじめ、転がり落ちるなどして、下へ移動した作業者
を直撃する危険性があります。ですから、処理の終わったパーツごとに、
それが傾斜の影響で動きださない処置をして、さらに絶対に動かないこと
を確認してから次の処理へ移る必要があります。

　処理対象の中に枯れ木が含まれる場合は、処理後の動きの予測は一層難
しくなります。作業の途中で、伐倒木が触れる等の衝撃により枯れ木が梢
近くで折れた場合、直接作業についている者は気付かないこともあるので、
作業者の立ち位置と退避場所の選定には、そのようなものから身を守るこ
とのできるよう、立木のかげになるような場所をあらかじめ選んでおくよ
うにします。

　休憩や給油の際は、斜面上からの落下物に備えて処理区域の動線から外側に出るように心がけ、作業中もできる限り斜面上方への注意を払うようにします。

生身の人間だけで処理する必要があるか

　風や雪などの自然災害を受けた林分での作業に対して、まず考えなければいけないことは、日本の多くの林地の条件（複雑な地形など）を考えると果たしてそこに生身の人間、つまりチェーンソーだけで伐倒する作業者で処理をする必要があるかどうかです。

作業者自身の自己診断

　自然災害を受けた木を整理する場面では、たいていの対象木はかかり木になっています。ですから、繰り返しになりますが、対象木を伐ることでそれがどのような動きをするかを予測できるかどうかが、作業者自身の自己診断の材料になります。予測できないときは、技術力のある者に作業を変わってもらうか、その指導のもとに作業しなければいけません。

　逆に、すべての動きが予測できている場合、矛盾しているようですが、そこではもしも木が予測に反した動きをした場合に備えて、最終的に身を守る手段を用意できているかどうかで自己診断を行うべきです。

設計が描けない自然災害木には触らない

　では通常の作業の中で、たまたま出会ってしまった自然災害木、例えば雪害で樹高の半分以上の場所での途中折れを伴うかかり木や、傾斜30度を超えるような場所での3本以上が組み合わさった風倒木などに対しては、どのように対処をすればよいのでしょうか。

　もしも作業者自身があらかじめ処理方法を解読できない、つまり段取りを設計できないのであれば、その箇所全体に手をつけてはいけません。伐り捨て間伐の場面でよく目にする「まず切ってみてから考える」タイプの作業は、絶対に行うべきではありません。

自然災害木の処理②
牽引伐倒でリスクを軽減する

Point

1. 雪害や雨氷害に遭った被害木が散在する林分では牽引道具による伐倒が一般的な選択肢となる。

2. 伐倒木の急激な動き出しや、台付ワイヤーの破断に備えなければならない。

3. 枯損木の処理を安全に行うにはスローラインの利用が効果的である。

被害木の処理
−可搬ウィンチによる牽引伐倒

　雪害や雨氷害に遭った林分での作業も、基本は十分な観察とそれに基づく退避場所の選定が重要です。このような場所では梢が折れたままわずかにつながった状態になったり、落下せずに他の立木の枝に引っ掛かり、不安定な状態になっている被害木が散在しているので、通常の伐倒が困難なことがほとんどです。ですから重機を入れられない場合には、チルホールや可搬ウィンチを活用した牽引による伐倒が一般的な選択肢です。

　通常の牽引伐倒以上に気を付けなければいけないのは、被害木の牽引の途中であっても落下物がワイヤーにぶつかり、その影響で伐倒木が急激に動き出したり、衝撃で台付ワイヤーが破断する可能性のあることです。牽引具のオペレーターは、チルホールが激しく揺れたり、緊張した本線が破断して飛来することにも常に備えなければなりません。

　強風や豪雨災害に遭った林分では根倒れが多発しますが、特に災害を受けて間もない場合は、根についたままの大量の土の重みなどを考慮して、その木を切断することで根が元の方向に戻る動きに備えなければなりません。

写真1-7　根倒れしたアカマツ
木を切断することで根が元の方向に戻る動きに備えなければならない。

　また、斜面の傾斜方向によっては、大きくめくれ上がった根の重さによって逆の力や、回転方向の力が働いている可能性もあるため、十分な予測に加えて、チェーンソーの刃を入れながら少しずつ木の動きを観察する必要があります。

　めくれ上がった根が大きく、木の切断による急激な動きを防ぎたい場合には、根の太い部分をあらかじめチルホールで固定して、切断後にゆっくりと動かす方法も効果的です。

枯損木の処理－スローラインによる高い支点での牽引が効果的

　通常の牽引伐倒でももちろん有効ですが、枯損木の処理を安全に行うにはスローラインの利用が大変効果的です。

　スローラインはハシゴと異なり、処理の対象木から離れた場所で、ハシゴでも届かないような高い位置に支点を設けることができますから、不安定要因のある立木に十分なツルを残し、より小さい力で安全な場所から折り倒すことができます。また、折れた梢が中途半端に枝に乗ったり、ぶら下がっている場合にも、落下範囲から遠く離れた場所で引き落とすことが

可能です。

　マツクイムシ被害木処理や、かかり木対策も含めて、スローラインとロープの組み合わせによる伐木技術を導入することは、労働災害のリスク低減に貢献しますので、今後、林業現場では必須の用具になるはずです。

スローラインで高い支点での牽引を行う

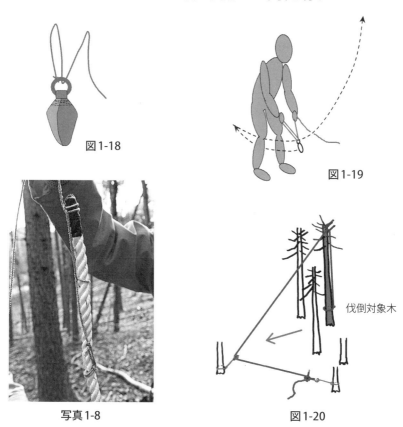

図1-18

図1-19

写真1-8

伐倒対象木

図1-20

スローバッグまたはパウチと呼ばれる専用の重りをスローラインと呼ばれる道糸に結び付け（図1-18）、目的とする木の枝へ投げ上げる（図1-19）。
スローバッグ（重り）の投げ上げで、目的とする木の枝の上にスローライン（道糸）をかける。枝にかかったスローラインは、先端のスローバッグの重みでするすると地上まで降りてくる。次に、スローラインの先をロープに結び換えて（写真1-8）、スローラインをたぐり寄せることにより、ロープを目的の枝に引き上げ、高い支点での牽引を行う（図1-20）。

伐倒時の危険
追いヅル伐りで木の裂けを防ぐ

木の裂けの危険を動画サイトで確認

　木の裂けの最大の危険性は、それがどのような条件で発生するのか、また結果的に起こる事故のパターンを、経験したものでないと極めて想像しにくいところにあります。裂けを経験したことのない者に対しての説明には、図や写真の他にインターネットの動画サイトも有効です。以下の単語で検索すれば山ほどの海外事例を動画で見ることができ、効果的な学習となります。

・バーバーチェア　"barber chair tree falling"
・ウィドウメーカー　"widowmaker tree falling"
・伐木造材技能全般　"tree felling learners"

木の裂けの2つの危険要素

　極端な偏心などで一方向に引き倒すような力の加わった木には、図のように幹の倒れようとする反対側に縦方向に引っぱる力が働き、その結果、追いの切り込みを行った場所から木が繊維方向に引きはがされるような裂けの生じる場合があります(図1-21)。

　この現象は、同程度の偏心であっても樹種によって起きやすさに違いが

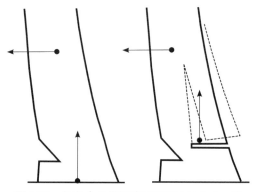

図1-21　偏心木の伐倒時の幹裂けのイメージ

あり、経験上ですが、例えば針葉樹ではカラマツよりもスギで発生しやすい傾向があったり、広葉樹ではミズキ、クリ、ナラで比較的多くの裂けを経験しています。

　木の裂けには大きく二つの危険要素があります。1つは、裂け上がる木で直接たたかれることであり、もう1つは裂け上がった後に、高い位置から木の上の部分が倒れ落ちてくる危険です。何れも極めて大きな災害になりますので、少しでも発生の可能性がある伐倒では、確実に対策をとらなければなりません。

　極端な偏心木でなくとも、樹種によってはわずかの偏心でも裂けやすいものがあるので、注意が必要です。日本の森林の樹種は多様ですから、裂けやすい樹種についての情報は日頃から読者の地域で得られるものに注意を払うことが重要です。それらの樹種では、積雪や追い風を受けている時の伐倒でも、裂けに備えなければなりません。また風倒や雪害などの多発した現場は、対象木に複雑な力がかかることにより裂けの温床とも呼べる状態ですので、倒れた後に弓なりになっているようなところでは、横方向の裂けも想定した退避場所を考えなければなりません。

裂けを防ぐ－追いヅル伐りが有効

　筆者は経験がありませんが、伐倒木の高い位置に支点を取った牽引や、

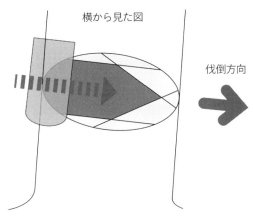

横から見た図

伐倒方向

図1-23　細い偏心木に行うV字型カット

通常の受け口のように水平切り・斜め切りによる開口部を作らず、水平切りのみを左右から伐倒方向（偏心方向）に対して斜めに入れる（図の右側）。この切り口が木口に「V」のように現れることから「V形カット」と呼ばれる。

（全国林業改良普及協会編『林業現場人 道具と技 vol.15 難しい木の伐倒方法』より）

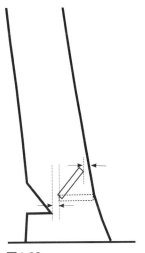

図1-22
突っ込み切りの際にバーを傾けることで追いヅルを残す方法

バックホーのバケットで押しながらの伐倒の際にも、偏心と同じ力がかかりますので、裂けやすい樹種の際には対策をとるべきです。

　木の裂けを防ぐ最も一般的な方法は追いヅル伐りです。ただし、追いヅル伐りには突っ込み切りの確実さが求められますので、偏心木に出会ったときにはじめて行うという状況は避けるべきです。日頃の伐倒で、その木を偏心木と想定し、必要なチェーンソーワークを確認するようにしましょう。

　裂け上がり防止のために、あらかじめ幹にロープやワイヤーを巻く方法も有効です。特にロープは様々な状況に利用可能な上、可搬性も抜群ですから常に持ち歩く習慣をつけるべきです。

　突っ込み切りができないような細い傾斜木（＝偏心木）には、突っ込み切りの際にバーを傾けることで追いヅルを残す方法（図1-22）や、受け口に伐倒方向を中心に2方向からV字型に作る方法（図1-23）も有効です。

後工程を意識することが作業の質を高める

Point

1. 自らの工程だけを考えて作業すると後工程に支障が生ずる。

2. 前工程を担う者は次の工程も十分に経験してみることが必要。

3. 別人の視点に立って自らの動きを確認する。

全工程を一通り経験してみる

後工程との連携でわかりやすい例の1つに、伐倒と集材の関係があります。それぞれの作業担当者が異なる場合、もしも伐倒する者がただ木が倒れてさえいればよい、と考えて作業をすると、伐倒方向がばらばらで、伐倒木がお互いに邪魔をしあったり、まとめての集材ができずに、集材の効率が落ちるか、あるいは残存木に傷をつけてしまうという結果を招くでしょう。場合によっては集材する者が幹の直撃を受けるといった大きな危険に晒される可能性も生じます。

このようなことが起きないように、多くの場合、前工程を担う者には後工程の動きの特徴や現象の例を説明しながら、注意点や禁止事項を示すわけですが、百聞は一見に如かずというように、林業で最も基本的なことは、全体の工程を一通り経験してみることが必要だと考えます。

別人の視点に立って自らの動きを確認する

読者には、遠くから毎日眺めていて自分が十分に知っていることや、いつも手元でやっていることを別の視点から見せられて驚いた経験はないでしょうか。スポーツの世界では自分の動きを動画で確認する、という手法は当たり前です。例えば伐倒の際の受け口でも、切っている途中でチェー

ンソーを一旦止めて(覗き込むのではありません)、立木の反対側まで行って、つまり別人の視点に立って切り口を見ると、全く自分の意図したラインでは切れていなかった、ということがあまりにも多くあります。

居場所をわずかに変えるだけで風景は変わるのです。

先に述べた、伐倒で受け口を切っている際に途中で動作をやめて、わざわざ木の反対側まで行き確認するなどという行為は、プロにはあるまじき時間の浪費と感じられるかもしれませんし(その必要性は見たときに直感できますが)、場合によっては親方にどやされるかもしれませんが、そこで得られる効果が十分なものであるならば、それは自分の仕事に必要な一手間なのです。

後工程との連携が大切

もしも読者の所属する事業体の作業に、苗木生産→地拵え→植えつけ→下刈り、といったような前後の工程を経験する機会がないのであれば、休日を使ってでも体験する場を探すことをおすすめします。

後工程を意識するという点で筆者にとって印象深かったのは、地域の丸太を製材して建築業者に販売している社長が私たちに言った「素材生産の人たちは、丸太を土場に降ろしてすぐに帰ってしまうのではなく、たまには工場の中も見ていけ」という一言です。この言葉は、前後の工程との連携が希薄なために木材が有効に利用されていない(もしくは納品された木材が使いづらい)という、多くの地域に見られるこの業界の問題を解決する糸口にもなるかもしれません。

荒天時への備えー長期的な対策が経営安定につながる

◆改善提案の手法は荒天時対策の長期的な計画にも有効

天候に応じた現場作業のすすめ方は、読者それぞれや事業

体ごとに日頃の決まったものがあるかと思います。そこで改めて確認したいのは、荒天時に備えた十分に長期的な対策が考えられているかどうか、ということです。

　所得は低くとも、晴耕雨読に魅力を感じて林業に就く人もいますから、雨や雪、強風は休みと割り切る経営も否定はしません。ただ、収入や身分の安定を求める人が事業体にいれば、荒天時でもできる仕事で一定の生産性をあげる考え方と手法を、責任ある立場の人は持つべきです。また、現場で働く誰もが自分たちにできること、あるいはやってみたい具体的な案を示すことは、結果的に事業体全体の安定経営に結びつきます。

　製造業の現場で普通に行われている改善提案の手法は、こうした荒天時対策の長期的な計画にも有効です。もしもまだそのような仕組みがないのであれば、ぜひとも現場の皆さんや、班長クラスの人は改善提案制度について研究し、職場での実施の提案からはじめることをおすすめします。

◆事務処理や営業の経験が仕事の幅を広げる

　事務方と現場が別れているならば、事務方が現場を知っていることのメリットと同じで、天気が不安定になる季節には、現場も日頃の事務方の苦労や課題を身をもって知る意味も含めて、事務方の仕事をシェアできるようにあらかじめ準備することは、それほど難しいことではありません。

　現場の皆さんが技術者であろうとするならば、事務処理や営業のイロハを知ることは必須ですし、ましてやその事業体の将来を託される立場の人や、少しでも独立について考えたことのある者ならば、なおのこと避けて通ることのできない

ＯＪＴの好機です。

◆天候に応じた采配の重要性

　今その立場にない人も、班長の天候に対する判断はよく覚えておく必要があります。機会あるごとに、天候を判断する方法については詳しく教えてもらうよう心がけましょう。

　地域の気象は、そこに暮らしていなければ判断できないもので、時期によっては地域内でも尾根沢を境として激変します。雨に降られて作業を中止して下ってくると、郷は嘘のように晴れていたり、逆にずっと無事に作業できていたのに、家に帰って聞いてみると終日大雨だったということは日常的なことです。先輩の貴重な天候判断と、気圧配置の関係を分析して１日も早く先輩のような判断ができるようになることは、やがて自分に部下を任せられた際に、その人たちの命を守ることにも直結する重要な能力なのです。

間伐では残存木や土壌への悪影響を最小限に留める

① 間伐の目的は、1. 木を太らせる　2. 林内を健康に保つ　3.（できるだけ）間引いた木を収穫できるようにする、の3点。

② 残存木へのダメージは、所有者に将来の経済的な不利益をもたらす。

③ 林内の歩行では足元を崩さないなどの林床、土壌を守る気遣いが必要。

間伐の3つの目的

「残存木を傷つけない伐倒方向を選ぶ」（31頁）でも触れた通り、間伐の最大の目的は収穫ではありません。「それは分かりきったこと」との読者の声が聞こえてきそうですが、実際に研修会で間伐の目的を問うと、考えてしまう人が少なくありません。

筆者は間伐の目的をシンプルに挙げれば、

1．木を太らせる
2．林内を健康に保つ
3．（できるだけ）間引いた木を収穫できるようにする

の3つに集約されると普段から説明しています。

こうした回答をもたない作業者は、その場ですぐに仕事の目的の再確認を行わなければなりません。例えば、「お客様を安全に目的地に運ぶ」という業務上の目的を即答できない公共交通機関の運転手さんの乗り物には、誰も乗りたくないはずです。

知識として目的1は何となく理解されてはいても、2は付属品のように考えられていると感じられることも少なくありません。間伐における収穫の方法が、目的を十分考慮したうえで選ばれているのかどうかは、現状よ

りももっと多く深く議論されなければなりません。

残存木へのダメージは将来の経済的な不利益をもたらす

　林齢50年を超えるカラマツの間伐で、自分の伐った木が残存木の力枝を折りながら倒れて行く様子を誇らしげに見つめるベテランに出会ったことがあります。

　地域で常識化している材の用途との関係もあるのでしょうが、長伐期施業の林分の間伐で残存木にダメージを与えることは、たとえそのベテランが無事に日当を得ることができても、所有者には将来の経済的な不利益をもたらします。この種の悲劇をなくすためにも、作業者は残存木への影響を最小限にとどめることの優先順位を高めるよう意識しなければなりません。この意識は、伐り捨て間伐作業でも何ら変わることがありません。

林床への影響を意識する

　伐倒や収穫の際に、残存木の幹に傷をつけないようにという指導はあっても、残存木の根の痛みに対しては、情報や対応策の共有ができている事業体は少ないのではないでしょうか。

　収穫間伐ではどうしても能率が優先されるので、林床への影響は意識されにくくなりますが、土壌を守る観点から、土引きなどのライン設定もできるだけ分散させるような気遣いがなければ、その作業によって山を守るという言葉は、偽りになりかねません。

　他方、伐倒に限らず、育林作業全般で林内の歩行では足元を崩さないことに細心の注意を払うベテランもいます。人工造林が開発行為の1つであると考えると、このベテランの心がけや、一歩たりとも無駄足は踏まない、帰り道は手ぶらで歩かないなどの習慣も、林床や土壌を守る最善の知恵と呼ぶことができます。

切れない刃物は
大きな危険要因となる

Point

① 生活の中での刃物離れは想像以上である。

② 新規就労者には刃物の取り扱いを初歩からしっかりと伝えることが必要。

③ 刃物の手入れの基本は、研ぎや目立ての適切な角度、直線運動、対象物または砥石側の固定。

④ 切れない刃物がケガや機械故障の最大の温床となる。

刃物の取扱いは初歩から教える

　小学校６年生の林業体験を手伝ったとき、信じられないことに手鋸の刃を素手で掴みケガをした参加者がいました。以来、手鋸を手渡す前にまず「これは刃物ですから、絶対に持つ場所でない部分を素手で触らないこと」と言い含めるようになりました。

　子どもだけでなく就業支援講習の場ですら、実習の開講直後に鎌の刃を素手で触りケガをする受講生がいますから、生活の中での刃物離れは想像以上のものと覚悟した方がよさそうです。ですから鎌の研ぎの実習でも刃が立ったかどうかの確認で「指を刃の縦方向には動かさないように」と、笑い話ではなく真剣に話さなければなりません。

　これらは、あまりにも初歩的なことですが原理・原則でもありますから、新規に就労した仲間たちへの説明の際に活かしていただければと思います。また、研ぎで起きるケガは思いのほか出血が多く、回復にかなり時間がかかることも付け加えるようお願いします。

　普通の刃物との関係でさえこのように退行していますから、チェーンソーや笹刈刃の目立てに欠かせないヤスリが刃物であるという認識を持つ人

は少ないようです。ケガをすることはありませんが、この繊細な刃物に対して、刃の部分を素手で触ることで無意識のうちに指の脂分を付けてしまっている人をよく見かけます。

育林用刃物の取扱い技術の伝承は急務

他にも唐鍬の取扱いにも注意が必要で、振り下ろし方を誤り足を傷つけると、場合によっては破傷風の感染という重篤なケガにつながりますし、使用後はスコップも含め土を洗い落とす手入れを怠ってはいけません。

どのように機械化が進んでも刃物はこの業界の主役であることに変わりありません。また今後皆伐地の増加とともに、人力に頼らざるを得ない育林作業は増えて行く可能性があります。一方で全国的に機械による収穫作業は若手、育林はベテランだけの班という傾向が強くなっている状況を見ると、現場に蓄積されている、主に育林用の刃物の取扱いに関する技術の伝承は急務なのではないでしょうか。

現場での安全な使用方法に加えて、刃物の歴史や製造技術、手道具を中心とした構造の基本、材料金属についての基礎知識。これらを学ぶ場や、カリキュラムの整備はもちろんのこと、体系的に指導できる人材の育成も大きな課題です。

研ぎの基本－適切な角度、直線運動、対象物の固定

使い捨ての刃物が日常的になるとともに、刃物を研ぐ行為は奥深く、ある種職人的な世界に通ずるという価値観が一般化してはいないでしょうか。そのようなものの捉え方を否定はしませんが、林業の世界では研ぎや目立てが、最も基本的で日常的な準備であると言えます。刃物の手入れにまつわる多くのことについて、敷居を高くしたり面倒な印象を与えたりすることは、むしろ多くの若い現場従事者の技能向上に対し、マイナスになっているように思えます。

刃物の手入れの基本は、研ぎや目立てのための適切な角度を保った直線運動と、対象物または砥石側の固定に尽きます。ところが正しい指導を得

られない多くの新規就労者が陥る、人間の動作としてはより自然な手首と腕の円運動と、不十分という言葉にも及ばないようないい加減な固定の結果、その研ぎや目立てに費やした時間と労力に見合わない酷い切れ味しか味わえていないのが現状です。

切れない刃物がケガや機械故障の最大の温床となる

また、大型の機械力に多くを託す作業手法が一般的になるに従い、鉈を持った経験のない仲間が増えていることは、研修会の場で、切れない刃物がケガや機械故障の最大の温床となることの説明をしにくくもしています。

刃物の手入れができない作業者は、必ず力で切ろうとする方向に進みますから、効率面でも安全面でも大きな危険要因です。そして、どのように機械化が進んでも、例えばプロセッサのソーチェーンの目立てや枝払い用のナイフの研ぎも含めて刃物が道具の主役の1つを成す業界であることや、今後就労する人たちが、刃物とはより縁遠い環境で育ってくることを考えると、公の実技を伴う研修や事業体でのOJTには、研ぎや目立ての説明に関する基本を守るためのガイドラインのようなものが必要です。

施業技術を真剣に吸収しようとする人たちは、同じように研ぎや目立て、金属についての知識欲も旺盛なことがほとんどですから、事業体はその人の刃物の切れ味に応じた手当を支払うような工夫をすることも検討する時期に来ているのかもしれません。

写真1-9　刃物が道具の主役の1つを成す
切れない刃物がケガや機械故障の最大の温床となる。
写真はチェーンソーのソーチェーン。

安全衛生①
労働災害の根絶が人材育成の原点

Point

①技術者には安全の知識が最優先で求められる。

②日々の業務と横並びの形で人材育成を行う。

③経験により自然に人が育つのを待つだけは不十分。

安全知識の習得が最優先となる

　林業の現場で活躍する人には、まず何よりも絶対に事故を起こさないための心がけが求められます。その他に、刻々と変化する現場環境や１つ１つの要素を分析し、それに合わせて一定以上の作業効率を維持し、複数の道具についての知識を駆使しながら、ときには後進に指導するための技術までもが求められます。

　このように考えると、林業における人づくりとは技術者づくりに他ならないわけで、単に作業経験のある人に預けて一人前になるのを待つ、という方法では成功しないことがわかります。また、仮に技術を"理論的に整理し、他者へ言葉で伝えることのできるもの"と定義すると、それを駆使して働く技術者には、考える力に加えて、当然伝える力も求められるわけで、伝える相手とは後進だけに限られるものではありません。

　一般的に技術者には、材料の知識、道具の知識、作業の知識、事業の収支の知識が求められる上、安全の知識が最優先となりますから、技術者としての人材育成は、労働災害をなくすことと同義でもあるのです。

「ただ待つだけ」の人材育成は高リスク、高コストとなる

　林業事業体は、日々の収穫作業、造林、育林などの業務と横並びする形で人材育成を行わなければ、とかく危険要素の大きい山仕事の現場からは、

労働災害を根絶することはできません。

　特に経営などの責任ある立場の人は、職場から労働災害をなくすためにも、人材育成のミッションが、日々の業務をこなすだけで、経験により自然と人が育つのを待つだけは不十分であることを再確認すべきです。こうした「ただ待つだけ」の人材育成は、結果的に高リスクかつ高コストであると考えなければなりません。

　事業体の外から人材を招くことで一定の成果をあげているケースもあります。また、行政が進めている研修制度に人を預けるだけではなく、そこで得られた気付きや知見を、再び事業体の中で共有できるような工夫をするだけでも、かなりの効果が得られるはずです。

　人材育成の最終段階として、指導的立場に立った人には、後進の内発性を引き出す、あるいはその芽を摘まずに伸ばす力も求められます。

安全衛生②
危険予知活動
－作業に潜む危険と対策を共有する

Point

1. 危険予知活動の重要な点は、経験のない仲間が危険を共有できること。

2. ケガは難易度の高い作業よりも、習慣化した動作の中で発生することが多い。

3. 危険予知活動では、具体的な対策を示すことが大切。

危険予知活動で仲間と危険を共有する

危険予知活動は地道なものですし、現場によっては日々同じ内容の繰り返しになることも少なくありません。これが形骸化の兆しになってはいないか、ということを確かめるために、ここで目的や機能を見直してみます。

自分が初めて山仕事や現場作業に就いた時を思い起こしてみましょう。恐らく、予知できる危険は現在よりも少なかったはずです。危険予知の最も重要な点は、こうした経験のない仲間が共有できるということですから、活動の際には自ずと初心に戻っている自分がいるかどうかをまずチェックします。

ケガは難易度の高い作業よりも、習慣化した動作の中で発生することが多いですから、集中力が途切れるのはどういう時なのかを具体的にイメージして、その状況を「どういう危険が存在するか」という第一段階に加えることも重要です。

残念ながら、現場での危険予知活動を習慣にできていない事業体は未だかなり存在します。これを現場の皆さんの発声ではじめるのは荷の重い仕事かもしれませんが、まずは班のリーダーに素直に相談するべきです。こ

とによると、実はリーダー自身がそのことを提案しあぐねているかもしれませんし、危険予知活動はヘルメットをかぶるのと同じように、どの職場でも1人1人の身を守るために欠かせないものですから、一回で諦めずに、切実な思いとして折に触れ語りかけることからはじめてみましょう。

また第一歩として、朝、作業にかかる前、先輩やリーダーにその現場や類似の作業でヒヤリ体験がなかったかをたずねるのも効果的です。

危険予知活動－具体的な対策を示す

繰り返しになりますが、例えばどんな危険があるか、という問いに対し「歩行中に滑って転ぶ危険」をあげ、対策として「注意して歩く」ではほとんど活動の効果は期待できません。これでは、その現場にはどのような滑る要素が潜み、その要素に対してどのような注意を払うべきか、新人にはまったく共有できないのです。

実例として斜面のトラバースの際に礫のような崩れやすい場所があるので、そこでは枝や細い木などを杖代わりにすることで、転倒を防ぐというようなより具体的な対策を示すことが、小さなケガの防止の第一歩となるのです。

なお、この形骸化してはいないかという議論を、実際に班内でできるようであれば、それは立派な危険予知活動の一部ですし、大いに話し合うべきです。そして、危険予知活動や作業説明の中で理解できていないことがあれば、うやむやにせず、何度でも質問して確認できる風土をつくることも重要な仕事の1つです。

原理・原則21―安全作業の合図

安全衛生③
安全作業の合図は
共有できる方法で行う

Point

1. 危険を伴うタイミングや場所についての情報を伝える合図は安全作業の基本。

2. 合図は共有できるものでなければならない。

3. 反射的に笛を吹けるよう、予行演習をすることが自己や仲間の命を守る必須条件。

4. 情報伝達が作業の一部であるという認識を持つ。

合図をすることは安全作業の基本

　危険を伴うタイミングや場所についての情報を伝えるために合図を送ることは、安全作業の基本です。合図には、チームを含めた周囲の者が分かることが前提で、状況によって笛（呼び子）や声、ジェスチャー、目配せなどがあります。

　合図は共有できるものでなければなりません。林業の現場においては、ときにはチーム以外の者に対しても伝わらなければならないことがあります。筆者は、間伐作業で追い切りをしている最中に、視野に犬を連れたハンターが入って来てギョッとした経験があります。そしてその際、仲間から遠く離れているという理由で自分が合図らしい合図を行っていなかったことを反省しました。

　基本的なことでありながら、未だに多くの現場で共有されていない合図である、笛での合図の大切さについて、もしも読者がまだ行っていないのならば改めて考えていただきたいのです。例えば尾根越しに先に述べたハンターが接近していたとして、筆者が笛を吹いていたならば、ハンターは少なくともそこに人工的な何かがあると気付いていたはずです。

対外的に何かを発することが極端に不得手な人も少なくありません。仲間が近くで作業している最中に、木材や伐倒木が思惑通りの動きをしていないにもかかわらず、一声も出さない人など当たり前にいますし、咄嗟の時に声が出ないという経験はもっと一般的に、私たちに共通の現象です。

笛を吹く練習−情報伝達は作業の一部

恥ずかしいことに、筆者は優れた道具を貸与されながら、それが日常的に使う物でないために、いざ必要となった時に使用方法がわからず頭の中が真っ白になった経験が何回もあります。作業が止まってしまう程度なら反省で許されますが、もしもその道具が非常時に対応するものであったらどうでしょう。

商標名でエピペンという薬品があります。自己注射という特殊性から、使用方法を説明する動画や練習用の針の出ない注射器までがセットされています。それはもちろん、いざという時に冷静に対応するための練習用のものなのですが、先述した声を発することさえ不得手な仲間たちの存在を考えると、このエピペンにセットされたツールと同様に、緊急時、あるいはそうでなくとも追い切りをする前には反射的に笛を吹けるよう、日々、笛を吹く予行演習をすることが自己や仲間の命を守る必須条件ではないかと思えるのです。

情報伝達が作業の一部であるという認識を持つためにも、朝のミーティングなどの際に、班全員で笛を鳴らすよう心がけましょう。

安全装備の着用で作業環境を改良する

◆安全装備の着用で習慣化するプロの安全意識

防護ズボンの着用が義務づけられました*。こうした装備の常識性とも呼べる面に気付かない事業体や作業者も、まだ

かなり存在するようです。

　かくいう筆者自身、勤務先から貸与された防護ズボンを常用するようになるまでにはかなりの時間を要しました。そこには使用したことのない用具への重さや暑苦しさというマイナス面の印象が強く働いていたのですが、常用してみると、それらが進化前の人類を見るくらい幼稚な感覚だったと知らされるのです。

　もしも読者がまだこうした装備を使っていないようでしたら、林業のプロではない人たちが、ヘルメットをかぶらずに伐倒作業している姿に遭遇した時の感じを思い起こしてみていただきたいのです。プロテクションのない装備で作業をしている姿とは、実はそれ程に前時代的なものに見えている、ということを知っておいてください。

　イヤマフなどの防音装備に対しても「そんなものを付けていては、聞こえが悪くなり危険だ」という反論があるようですが、その装備が現場での使用を考えたうえで開発されているのなら、人間の聞こえの特性に対しても十分に考慮されています。むしろ、それを付けることで危険を感じる人は、付ける以前から「聞こえ」や他者の存在への注意に少なからぬ問題を抱えているのかもしれません。

　使ったことのない人が常用するようになると気付きますが、防音装備は疲労抑制と安全のために不可欠なものなのです。

＊労働安全衛生規則の一部を改正する省令
（平成31年度厚生労働省令第11号／平成31年8月1日施行）

◆コミュニケーション─現場の感想を
   作業環境の改良につなげる

　安全装備は、職場全体で一斉に導入するということが多い
のですが、そのとき管理する側の人に考えていただきたいの
が、「服を与える」「靴を与える」という言葉の響きについて
です。「与える」という表現には「犬に餌を与える」「子ども
におもちゃを与える」というふうに、職場の技術者との関係
には相応しくないものを連想させる響きがあります。この言
葉は「この改善されたヘルメットの効果を活かして、今日一
日無事に山で働いてもらいたい」という状況にふさわしいで
しょうか。そこには「与えたら与えっぱなし」という一方的
満足感さえ感じられることもあります。

　新たな用具を導入したら、「与える」のではなく、コミュ
ニケーションを面倒がらずに、現場の感想をさらなる作業環
境の改良にフィードバックするよう、それをしなければ用具
に投資したことの半分も回収できないくらいに考えることが、
事業体にとっても必ずプラスに作用するはずです。

　このフィードバックの重要性は、個人で導入する装備につ
いても同様です。

原理・原則22—防振対策

防振対策が安全・安心の仕事につながる

① 体調管理に有効なストレッチやマッサージ方法を研究し実践する。

② 防振手袋、防振器具の使用を心がける。

振動対策に有効な体調管理を探す

チェーンソーでの造材とトビを多用する事業体では、手のこわばりを自覚している仲間がかなりいるようですが、現在市販されているチェーンソーの振動はかなり低レベルに抑えられていますので、よほど目立てやデプスゲージの高さが異常でないかぎり、そのこわばりは振動によるものではなく、手を多用することで起きていると考えられます。

こわばりが悪化して痛みへと発展する人は少なくありませんので、特に他業種から慣れない力仕事に転向した皆さんには、日頃からテニスエルボーや腱鞘炎に有効なストレッチやマッサージ方法を研究し実践することをおすすめします。

肉体労働は慣れるにしたがい疲労の度合が少なくなるとはいえ、休息と並びストレッチがいかに重要なことかは、プロスポーツ選手を見れば明らかです。体調管理(82頁)でも紹介しているように、マッサージを欠かさないベテランもいますので、職業病になってしまう前に予防できる手は打つべきです。

防振手袋の着用、刈払機への防振の工夫

白蝋病とまではいかないまでも、明らかな振動障害と呼べる症状は、残念ながらこの業界では一般的に見られるものです。筆者は、刈払機を長時

写真1-10　防振の工夫
水道管凍結防止用のスポンジを
巻き、その上から滑り止めマッ
トを巻いたグリップ部。エンジ
ンを長時間かけっぱなしになり
がちな刈払機では、防振対策の
有無が疲労度を大きく左右する。

（全国林業改良普及協会編『林業現場人　道具と技vol.3　刈払機の徹底活用術』より）

間使用した際に深刻な症状に見舞われました。それはナイロンカッターで
の作業を3週間以上続けたある日、何の前兆もなく携帯電話を落とすとい
う形で表面化しました。以来、草刈作業では必ず防振手袋を着用するよう
心がけていますが、前述したストレッチやマッサージと同じように、症状
が現れる前に実践することをおすすめします。

　刈払機の竿やグリップに、配管用の断熱材を巻くなどで防振の工夫をす
る仲間もいます。こうした小さなことの積み重ねが、安全で安定した仕事
の出来栄えに必ず結びつくことはいうまでもありません。

過去のものではない白蝋病

　チェーンソーの性能が向上した現在、白蝋病は遺物となった感がありま
すが、氷点下20度近くまで下がるような寒さの厳しい地域で、勤務日数
が標準よりも多い過酷な条件で働く人たちの中に、白蝋病の名が示すまま
に手が真っ白になった人に出会ったことがあります。この人は、筆者より
も若い世代でした。

　この人の手は、典型的な白蝋病である筆者の大先輩と同じく、季節に関
わらず冷たいものでした。ハード面が改善された今でも、林業における白
蝋病は根絶されたとは言えないのかもしれません。

原理・原則23─指差し確認

指差し確認で無意識の動作を意識下におく

Point

① 指差し確認が作業中の段取り、用具のモレを防ぐ。

② 指差し確認をクセにする。

③ 指差し確認には集中力を取り戻す役割がある。

④ 指差し確認で、無意識に行いがちになってしまうことに、あらためて意識のある状態を取り戻す。

指差し確認をクセにする

　「どうせ人間はミスをするもの、ものごとを忘れるものだから、指を差しても忘れるものは忘れる」と考えがちですが、実際に指差し確認やそれに準ずる動作を習慣にすると、不思議なことに作業中の小さな段取りのヌケや用具の忘れを防いでくれます。指差し確認は無料でできる安全対策ですから、このことに気付いていない技術者や事業体は大変な損をしているとも言えます。

　効果を得るための第一段階は、指差しをクセにすることからはじまります。指差しを繰り返すうちに、歩く、構える、狙う等の一連の動作の中に指差し確認が組み込まれて、この段階で指差し確認はチェックリストと同じ働きをするようになり、確認事項の洩れ防止に効果を発揮するようになります。

　効果の第二段階は、作業中に何らかの理由で失われる集中力を取り戻す働きです。日頃の作業の中で、毎日繰り返しているために、実はけっこう複雑なことなのに、無意識のうちに片付けていると気付いたことはないでしょうか。

　例えば伐倒の際、受け口を作り終わってから追い切りを始めるときに、

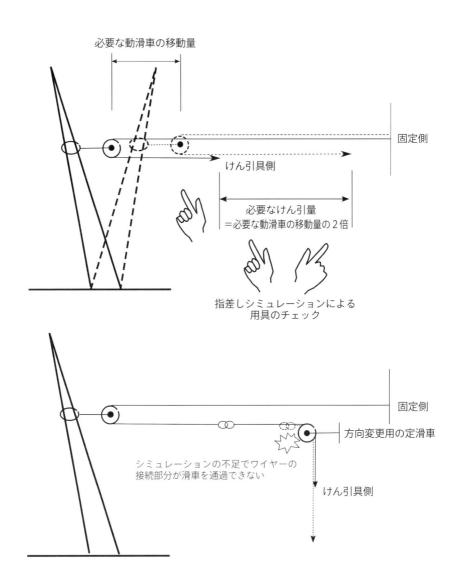

必要な動滑車の移動量

固定側

けん引具側

必要なけん引量
＝必要な動滑車の移動量の2倍

指差しシミュレーションによる
用具のチェック

固定側

方向変更用の定滑車

シミュレーションの不足でワイヤーの
接続部分が滑車を通過できない

けん引具側

図1-24　システム上のボトルネックの例

切り込みをいれる場所の高さや、ツルを残すためにバーを止める位置を勘だけに頼って決めてはいないでしょうか。木が倒れはじめてみるとあまりにも追いの位置が高すぎたり、低すぎたといった経験は日常茶飯事なのではないでしょうか。

　このような作業に指差しを組み込むことは、無意識に行いがちになってしまうことに、あらためて意識のある状態を取り戻すことを意味します。無意識でできることを意識するのですから、面倒くさいことこのうえないのですが、筆者の経験では、普段と少しだけ異なる環境下（典型的なものとしては、見物人からのノイズ）で、いつも行っている複雑な動きをしなければならないとき、指差しをしたことで重大な見落としに気付いたことが何度もあります。実はこの「普段と少しだけ異なる環境」というのが曲者で、集中力を奪う怖い要因なのです。

動作確認にも指差しは有効

　ここまで述べたのは、動作に入る直前に、もう一度立ち止まってこれまでの準備段階を振り返る意味合いが強いのですが、よく似ていながら少し違った性質の指差しもあります。現場でこれから何らかの動きを伴うシステムを組むとき、動きをシミュレートする際にも、両手を動かしたり、指差しをしながらものの動きをイメージすることで、システムに必要な、例えば用具の洩れや、ボトルネックとなる部分に気付くことがあります。つまり、動き始めてからものが足りないことに気付いたり、途中でそれ以上動かせなくなってしまうということを防止できるのです（図1-24）。

　昨日まで無意識でやっていた動作をあえて今から意識するというハードルは、簡単そうでいてなかなか越えられないものです。しかし、わずか数秒の動作ですから、このことで流れを止めるのではなく、むしろリズムを取るために行うような気持ちでぜひ日常の作業に組み込んでみてください。

体調管理は
大切な人すべてのために重要

Point

① 体調管理は作業技術と並ぶほどに重要。

② 自己の内面を改めて見つめ直す時間を持つことが必要。

③ 事故やケガは本人が受けるダメージだけでなく、周囲に大きな不安をもたらす。

体調管理を重視する
―一流プロの共通点

体調管理はすべての社会人に共通するテーマです。手元操作の一瞬の乱れや意識の空白が重大災害に直結しているという点で、山仕事に携わる者にとって体調管理は、作業技術と並び、あるいは作業技術の一部分とも言えるほどに重要な存在です。

最初に、この道53年の先輩の「仕事中だけでなく、生活リズムや飲酒や車の運転でも気は抜かない」という一言を、筆者自身の在り様に対する強い反省も込めて紹介しておきます。この言葉から、先輩が林業という仕事と、それに携わることができていることを人生の柱にして大切になさっていることが強く伝わってきます。

また他にも、経験50年、75歳の先輩はマッサージを受けることで疲れを翌日に残さない、という健康法を実践しています。経験が長くなるにつれて、皆さんそれなりの工夫をしているのが、一流のプロの共通点だと思います。

先輩方にはとても及びませんが、大きなケガを経験した反省から、筆者もこと睡眠時間には気を付けています。年齢が要因なのか、日中の動きが過酷でも夜中に複数回目覚めることが多くなりましたが、特に思い当る心

配ごとはないので、この「眠れなさ」は気にしないことにし、眠りの質を大切にするよう心がけています。

　また、起床時は簡単なストレッチに加え、40回程度の腹筋は欠かさないようにしています。仲間の悩みのうち、腰痛は五本の指に入るほど深刻な問題ですから、対策として有効とされる基礎トレーニングの習慣は、腰痛への恐怖克服の意味でも役立っています。

自己管理は身近なすべての人たちのため

　大きな災害の前兆とも言えるケガが続いた場合に、こういう自己管理こそ重要だろうと感じたものに、「その時、自分のやりたいことに対し、素直な選択ができているかを自分に問いかけ、無理をしている自分に気づいた」という筆者の仲間の貴重な体験談があります。人間にとって精神と体は１つのものですから、自己の内面を改めて見つめ直す時間を持つことは、職業人には欠かせないことなのです。

　そして何よりも、あなたの仕事は仲間や家族、そこに関わるすべての人の協力なしには成り立たないという原点に立ち返りましょう。これも仲間の経験に基づく貴重な一言から思い知らされたのですが、事故やケガは本人が受けるダメージだけでなく、周囲に大きな不安をもたらすのです。ですから、身近なすべての人たちのためにケガをしないよう心がけるのであり、林業者にとっての体調管理は、大切な人すべてのために重要なことなのです。

精神的要因は
行動に影響を与える

Point

1 精神的な要因はすべて
の行動に危険要因とし
て関係する。

2 体調管理と同じように、
メンタル管理は優れた
技術者に欠かせない。

気持ちの乱れは作業に大きく
影響する

　作業中に事故や3日以上休まなければ
治らないようなケガをしたことのある人
のほとんどが、その原因に潜む自分の精
神的な要因について考えたことがあるの
ではないでしょうか。精神的要因と表現
すると特別なことのように思いますが、
もっと単純に、事故当日の朝まで遡っての、気分について思い起こす点や、
終了間際の油断、焦り。休日前や休日明けと言ったレベルでの曜日に特有
のもの等が含まれます。そう考えれば、現場作業に携わるほとんどすべて
の人に思い当る例があるはずです。

　79頁の指差し確認で述べているように、人の動作には意識している時
のものと、無意識に行うものがあります。精神的な要因は意識している行
動に強く影響を与えるような気がします。例えば朝家を出たときの心配ご
とを思い出していて、目立て中に指に小さなケガをした、などのようにす
べての行動に危険要因として関係します。

　ではこの例の場合、どうすればケガを防ぐことができたのでしょうか。
いちばんおおもとの話として、心配ごとを抱えて家を出ないという対策が
あります。「そんな私生活に関わるようなことは制御できない」との反論
があるかもしれませんが、実は私たちのような危険と隣り合わせの職に就
いている者に限らず、日々の生活や人間関係などに大きな不安定要因を持

ち込まないよう心がけることは、すべての職業人のメンタル管理の基本であることを自覚しなくてはいけません。体調管理と同じように、メンタル管理は優れた技術者に欠かせないことなのです。

平常心の乱れに気付く力とリセット手法

　そうは言っても人間には日々、不可抗力によるマイナス要因が襲いかかってきます。これにはまず、自分、あるいはチーム作業の際には仕事仲間がわずかでも平常心とは違う状態であることに気付く力が必要になります。この力は多くの人の場合、訓練によって身に着けなければなりません。

　具体的には、作業をしている自分や仲間を少し離れた場所からもう一人の自分が監督できるよう意識するのです。このもう一人の自分がいてくれることで、ほんのわずかな平常心の乱れに気付くことができるようになります。

　気付くことができれば、自分なりのリセットの手法を用いて平常心を取り戻せばよいのです。タバコに火をつけて気持ちを静める、あるいは目を閉じて三十秒間深く呼吸をするなど、その人なりのよい方法を見つけましょう。また、意図的に動きに余裕を持たせることでも、見落としを防ぐことができるようになります。

ゴールから逆算して段取りする

仕事の先を読むとは完成形から遡ること

仕事にまず必要なのが出来上がりのイメージです。林業であれば、数十年先、あるいは百年以上先の目標林型がそれであり、イメージがなければ森を仕立てて行くために必要な作業スケジュールや経営の戦略を立てることはできません。日々の施業もこのスケジュールのもとに管理されるものです。

施業スケジュールに従い、例えばA沢という区画の搬出間伐を行うとすると、そこにもまず、搬出間伐が完了したときの施業地のイメージがあり、同時に、現状からそのイメージにいたるまでの段取りが思い描かれ、必要があれば計画のための表や図を作成し、作業が始まれば日々の進捗をチェックすることになります。

仕事のうえで二手、三手、さらには五手も六手も先を読むということは、現在を起点にして次を思い描くのではなく、むしろあらかじめ思い描かれた完成形から現状に向かって遡ることであり、言ってみれば映画を逆まわしで見るような感覚に近いものなのです。

では完成形のイメージがないとどうなるでしょうか。不十分な計画のうえで作業することになりますから、途中で道具の不足に気付いたり、材料を急場しのぎで用意するという混乱が発生しますが、それでも何とか施業

が完了すると、途中のドタバタや、実は合計すると看過できないレベルになっている、小さな無駄を顧みることなく、やがて「結果オーライ」の仕事が当たり前の風土が出来上がります。

重要な経験、さりとて邪魔にもなる経験

　さて、そうした「結果オーライ」の風土は、先述したように小さな無駄という病原菌を潜伏させていますが、それが時として取り返しの付かない大事故という形で表面化することになります。そのことは、人は一般的に経験に多くを頼り、それでことがうまく運ぶうちに自信が生まれますが、ひとたび経験では対処できない問題にぶつかると機能停止してしまう、ということによく似ています。

　この機能停止や事故を回避するためには、たとえ日々繰り返しているように感じられる作業でも、新たなものとして完成形をイメージし、そこへ向かって丁寧に1つ1つのステップを計画するように心がけるべきであり、計画に必要な細々とした知識にこそ、経験は活かされてくるのです。

　前出のA沢で、単胴ウィンチによる全幹集材作業中にウィンチのワイヤーが破断し、現場がストップしたとします。

　ワイヤーロープを継ぎ加工して作業再開。細かな工程管理を行っていなければ、ここで生じる作業の遅れは顕在化しないため、結果オーライ。これが経験に頼った作業風土です。では果たしてこれで良いのでしょうか。肝心なのはワイヤーロープを破断させないことです。

　日々の点検や、作業中に気付いた用具不良のフィードバックを怠ることで、ワイヤー破断による一時的な作業ストップというコストの無駄を生じているのですが、改善されないまま、また繰り返されるわけです。

　そして何よりも、ワイヤーロープの破断には重大事故の危険が伴います。ところがいつも切れるたびに運よく事故がないと、危険が見過ごされます。100回切れて大丈夫、でも101回目は死亡災害になるかもしれません。そうなったら機能停止などというレベルではありません。

　この場合トラブルのないウィンチ集材をイメージし、トラブルの可能性

を読んで、確実な点検や作業中に気付いたことの引継ぎと共有が行われる仕組みづくりをすることが極めて大切な仕事です。

　先を読むというのは特別なことではなく、むしろ順当な仕事には日常的に付随しているはずの行為であり、最もうまく機能している時には、先を読んでいるという感覚すらないはずです。

現場作業者の社会的地位－技術者としての自覚を持つ

　現場で働く人の中には、身分の安定という言葉には囚われず、例えば自然の中で存分に体を動かすこと、あるいはもっとシンプルに、ひと汗かいた後の弁当のうまさのような山仕事そのものの魅力にひかれ、この世界に飛び込む仲間も少なくありません。ですからタイトルの「社会的地位」という言葉も、あるいは陳腐なものに響くかもしれませんし、そんな皆さんから目を見張る技術や、仕事への心がけを改めて認識させられる場面も多々あります。

　そうは言っても多くの場合、生活の安定や将来性といった、自分たちが一般的な暮らしをするための安心感が欠かせませんし、そのためには世間の漠然とした「大変な仕事ですね。ご苦労様です」との評価だけではない、相応の収入を獲得するための道を冷静に考える必要があるのではないでしょうか。

　作業する皆さんの研修に関わるたびに、待遇や日当に対する不満には、ある傾向があることを感じます。問題を訴える人のほとんどが、自分から求めて研修に参加しているのではなく、職場の指示で研修に参加しているということです。

　他方、自主的に受講しているか、職場の指示で来ていても積極的に何かを得ようとする人には、漠然とではあっても仕

事について共通した未来像があるようで、現在の収入が少ないことを大きな問題ではないと捉えている人もいます。

　では、若い皆さんがこれから山仕事に就き、結婚をして子どもを2人授かって、家も持ち、子どもたちに4年生の私立大学（理系か文系かで大きく違うかもしれませんが）を卒業させ、自分たちの老後の蓄えもできるようにするには、何が必要なのでしょうか。

◆技能者と技術者

　山仕事には予測困難な危険が多く、体力を求められる場面も少なくありません。それを乗り切るために私たちは技能や技術を駆使します。中でも技術は他者に伝えることができるものでなければなりませんし、製造業におけるＴＱＣ（総合的品質管理）のように、技術とは何かを想像できる人にだけ、技術者としての道が開かれるという性質があります。

　社会的な地位は他者が評価するものですから、いつでも実績のあとからついてきます。そして評価を受けるためには、コストや工数の数値化、歩掛り意識、作業システムの図化、あるいは言葉による説明の場合でもより相手が理解しやすい例示や、業界の外の人でも共有できる普遍性のあるもので、目に見える表現がなされなければなりません。

　このように評価を得るための要素を並べてみると、私たち現場作業者の社会的地位の確立は、1人1人が技術者としての自覚を持つか、そうなろうとする目標を持たないかぎり難しいように思います。先に述べた研修生の共通した未来像こそが、この技術者なのです。

長い年月と苦労の末に数値化等では説明できない技能を身
に付けることで、高い評価を得ている人や職種もありますが、
産業の一角を成し、生態系への深い理解が必要とされる林業
従事者には、技能者としての気高さよりも技術者としての
朴訥さがより強く求められるのではないでしょうか。

第 2 部

伐出機械作業(システム)の原理・原則

湯浅 勲

　伐出機械を活かすには、その特徴を正しく知った上で、一連の作業をシステムとして考える必要があります。

　伐倒や玉切り、搬出などの異なった作業を秩序立て、全体としてまとまりを持たせるための仕組みを理解し、うまく活用して、省力化やコスト削減につなげるための原理・原則を紹介します。

原理・原則

効率的な作業システムに必要な4要件
—シンプル、スムーズ、高性能、高稼働率

Point

1. 伐出作業をシステムとして考えるか否かによって、労働生産性やコストの面で大きな差が生じる。

2. 作業システムとは、「異なった作業を秩序立て、全体としてまとまりを持たせるための仕組み」のこと。

3. 効率的な作業システムには4要件がある。

なぜ作業システムが必要なのか

かつての、高度成長期頃までの林業においては、作業をシステム化しようなどという話は聞いたことがありませんでした。当時の仕事は下刈りや除伐などの保育が大半を占めており、それらは作業が終われば事業完了ととらえられていたので、そもそもシステム化する意味は弱かったのだと思います。

また、伐採・搬出作業にしても、使われていた機械は集材機と小型林内運搬車くらいのもので、大型機械はありませんでした。その上に現在とは比較にならないほど材価が高かったので、省力化やコストダウンへの動機付けもそれほど強くはなく、のんびりとした時代だったように思います。

その後、木が成長して、作業の大半は伐採・搬出へと移行しました。しかしその一方で、材価が大幅に下落したことによって、従来と同じ作業を行っていたのでは林業が成り立たなくなってきました。その状況でプロセッサやフォワーダなどの大型機械が使われ始めるようになり、国内の保有台数は年を追うにつれて増えています。

これらの機械をうまく活かすには、その特徴を正しく知った上で、一連の作業をシステムとして考える必要があります。そうしなければ機械の性

能が活かし切れず、省力化やコスト削減に結びつけることもできません。

　では、作業システムとは何なのか。システムの語源はラテン語で、体系とか制度などを意味する単語です。林業の作業システムは、更新・保育過程と伐出過程とが合わさったものです。その中で、ここでお話しするのは伐出過程に焦点を合わせた作業システムです。「伐出過程の作業システム」をわかりやすい言葉で説明すると「伐倒や玉切り、搬出などの異なった作業を秩序立て、全体としてまとまりを持たせるための仕組みのこと」と、このようになります。その仕組みを理解してうまく活かすことによって、繰り返しになりますが省力化やコスト削減につなげることができると、こういう訳です。

作業システム－シンプル、スムーズ、高性能、高稼働率

　以下に効率的な作業システムに必要な4つの要件を箇条書きにします。

①シンプルであること

　伐倒・造材・搬出・荷捌き・売り先への運搬までの作業工程数をできるだけ減らし、木に触る回数が少ないシステムであること

②全体の作業が無理なくスムーズに流れていること

　どれか1つの作業進捗が滞ると、それがすべての作業に影響して全体の労働生産性が落ちる。このようなことがないようにすべての工程がよどみなく流れていることが大切

③効率のよい(性能の高い)機械を使うこと

　単独作業で見る限り、機械の処理能力と労働生産性は比例する

④機械の稼働率が高いこと

　止まったままの機械にも「減価償却費」というコストがかかっている

　以上の4要件が、作業システムの原理・原則です。これらの要件に反する項目が増えれば増えるほど、非効率なシステムになっていくと、こういう訳です。この理由については第2部の後半で詳しく説明させていただきますので、とりあえずここでは作業システムには効率的・合理的な方法と、そうでない方法があることを覚えておいていただきたいと思います。

山の状況を把握してから 林業機械を選ぶ

① 林業機械は使う山の状況に合わせた機種を選択する。

② 林業機械は「伐倒」「集材」「枝払い・玉切り」「運搬」「仕分け・整理」などの作業の種類ごとに分けられる。

③ すべての作業がよどみなくスムーズに流れるように考えて機種を選択する。

山の状況と機械の特徴を確認して選ぶ

林業の伐出過程における作業システムとは、極論すれば機械の組み合わせに他なりません。したがって機械選びは、慎重の上にも慎重を期すことが大切です。

考える順序としては、まずは自分たちが作業をする山の状況(その地域の山腹傾斜や土質、材のサイズ、路網の有無や幅員、路肩強度など)を正しく把握すること。その上で、安全で効率的な作業のできる機械の組み合わせ(システム)を考え、最後に価格や納期、メンテナンス対応などの細かな点を詰めて機械を選ぶという流れになります。加えていえば、そもそも林業機械は高価ですし、補助金を利用して購入した場合は耐用年数までは買い換えることができません。したがって木が大きくなる将来(耐用年数終了時期まで)をも視野に入れて、様々な機種の特徴や能力等を比較検討することを忘れないでください。

できれば、販売店に頼んで試乗車を用意してもらって少し使ってみるとか、すでに購入して稼働している事業体に問い合わせると、その機械の性能がよくわかり、参考になる情報が得られるかも知れません。

林業機械は5種類に分けられる

　林業機械は「伐倒」「集材」「枝払い・玉切り」「運搬」「仕分け・整理」などの作業の種類に対応し、チェーンソーを除く大型機械は、大きく次の5種類に分かれます。

①伐倒機械

　ハーベスタ、フェラバンチャ

②集材機械

　グラップル、ロングアームグラップル、スイングヤーダ、自走式搬器、タワーヤーダ、単胴ウィンチ(グラップルなどの機体に装着する機械)

③枝払い・玉切り機械

　ハーベスタ、プロセッサ

④運搬機械

　フォワーダ、スキッダ、トラック

⑤仕分け・整理機械

　グラップル、プロセッサ

　これらの中から、前節「効率的な作業システムに必要な4要件」に書いたように、できるだけ少ない台数を組み合わせ，伐倒から仕分け・整理に至るまでの一連の作業がよどみなく、かつ体系的につながるようなシステムにすることが大切です。

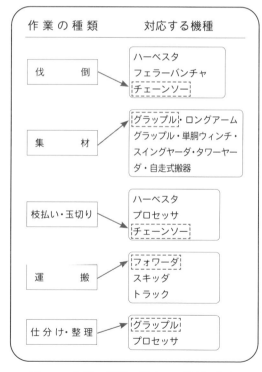

図2-1　作業の種類と対応する機種選択例

＊点カコミは、作業の種類を代表する機械を示している。

国産林業機械のベースは土木・建設用バックホー

国産のベースマシンは土木・建設用バックホー

ここからは、現実に我が国で使われている機械の特徴などについて、筆者の理解している範囲で説明して行きたいと思います。

まず、高性能林業機械と呼ばれている「ハーベスタ（伐倒・造材機械）」と「プロセッサ（造材・選別機械）」から始めましょう。

我が国でハーベスタやプロセッサと呼ばれている機械は、元々は土木や建設現場で土砂掘削などに使う目的で造られたバックホー（キャタピラ式の建設機械。エクスカベータとも呼称する）がベースとなっています。そのバックホーのバケットを取り外し、代わりに林業用のハーベスタやプロセッサのヘッドをアタッチメントとして取り付けた機械を「プロセッサ」「ハーベスタ」と、このように呼んでいるのです。

しかし、バケットの代わりにハーベスタやプロセッサのヘッドを取り付けただけでは動きません。エンジンのパワーを伝達するための油圧配管を取り付けて、ホースでつないで初めてヘッドが動くのです。

また林業作業で使用するための安全対策として、木片や削ぎ落とした枝葉などの飛来からオペレーターを守る金網や格子鉄柵等をキャビン前面に

取り付けたり、現場に舞い上がる木粉によるラジエーター目詰まり防止策など、各メーカーともに様々な工夫を凝らしています。

　とはいえ、そういう改造や対策が、無制限にできるわけではありません。ハーベスタ専用アームに取り替えてみたり、スライドアームを取り付けて作業半径を広げてみたり、ヘッドへ送る油圧ポンプを増設するくらいまでが限度です。ベースマシンの基本性能（走行方式、走行スピード、エンジンパワー）そのものの改造に応じてくれるメーカーは、現時点では筆者は知りません。

建設機械ベースゆえの難点
－移動スピードが遅く、林内走行ができない

　バックホーをベースマシンに用いた国産の林業機械は、トラクタをベースに発達してきた欧州の機械に比べて運動能力が低く（移動スピードが遅い）、また足回りの耐久性も劣ります。その上に、緩い斜面であっても不整地である林内の走行がほとんどできません。さらに、海外の機械は概してパワフルなのに対し、国産の、とりわけ小～中型サイズの機械はエンジンのパワー不足が否めません。加えて、海外製のハーベスタの中にはナンバープレートを取得できる機種があって、近距離の移動なら公道を自走することも可能ですが、残念ながらバックホーをベースとした国産の機械が公道を走るなど、どう考えてみてもあり得ない話です。

建設機械ベースゆえの長所－姿勢安定度が高い

　でも国産の機械にも長所はあります。その1つ目は、ベースマシンがバックホーである（機械全体がターンテーブルの上に乗っている）ため、360度どの方向へでも旋回して作業をすることができるという点です。

　この機能があるおかげで、方向転換のできない急斜面の作業道上でもUターンせずに前・後の作業が可能ですし、架線で集めた長材を玉切って整理する場合などにも、想像以上に大きな効果を発揮します。また、キャビン後方にバランス保持のためのカウンターウェイトを載せることによって、

重い材などを持ち上げた時の姿勢安定度が格段に増します。機体の上部全体が旋回する機能の付いていない欧州製の機械と使い比べてみると、その便利さが如実にわかります。

　さらに、使い勝手の話ではありませんが、国内の機械は大手企業によってラインで生産されているためか、欧州製の機械に比べると総じて割安感があります。

　その上に、メンテナンス対応という点においても、やはり海外の機械はサービス拠点も部品在庫点数も少なく、国産機械のそれには遠く及びません。後述するように林業機械は車と違って完成された商品ではないため、頻繁にアクシデントが発生します。その時に大切なのがスピーディなメンテナンス対応なのですが、このあたりも、海外製の機械と国産機械の大きな違いの1つです。

　このように、欧州製の機械がすべての面において優れているわけではなく、それぞれに一長一短があります。よく調べ、機械の特徴を正しく理解して、費用面とも相談しながら、ベストの機械を選ぶようにしてください。

ヘッドまでの距離と
吊り上げ荷重は反比例する

Point

1. ハーベスタの伐倒性能はヘッドの重さに左右される。

2. バケットの最大容積がアーム最伸時の吊り上げ荷重である。

3. ヘッドまでの距離と吊り上げ荷重は反比例する。

重いヘッドはそれだけで不利

　ハーベスタで立木を伐倒する際には、瞬間的に「伐倒木重量＋ヘッド重量」がアーム先端にかかります。したがって、機械側方の離れた場所に位置する立木を伐倒する際には、下手をするとベースマシンの転倒につながる恐れがあります。

　本体が横向きに転倒する（縦方向へは転倒しにくい構造になっています）か否かは、少しややこしくなりますが、モーメント計算で概ね分かります。

　「機械本体の重心にかかる重さ［W1］×重心から履帯側面（支点）までの距離［L1］＞（伐倒木の重さ＋ヘッドの重さ［W2］）×履帯側面からヘッドまでの距離［L2］」の場合には、機械は安定しています(図2-2参照)。

　しかしこれが逆の「＜」になると、機械はバランスを崩して伐倒木やヘッドが地面に着くところまで傾き、最悪の場合には転倒しかねません。

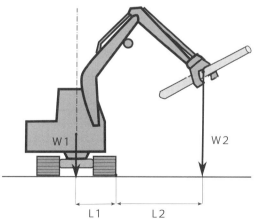

図2-2 重機の安定度のイメージ図

実際には、ブームやアームの曲げ伸ばしに伴う微妙な荷重変化が加わる上に地面の傾斜や固さも影響するので、厳密な計算はもう少し複雑です。しかし基本的にはこのような理屈なのです。

　ここで理解すべきは、支点からヘッドまでの距離と持ち上げ可能荷重は反比例するという点と、限界を超えると転倒する危険があるという、この２点です。したがって、測尺性能や作業スピード、耐久性などが同じだとすれば、軽ければ軽いほど、そのハーベスタはヘッドとしての性能が高いといえるわけです。

　この原理・原則から、ロングアーム・ハーベスタという機械についても、アームを遠くへ伸ばした時に伐倒できるのは小径木のみであることがおわかりいただけると思います。しかもロングアームのスライド（伸縮）部分は二重構造になっていて重く、近い木を伐倒する場合でも、同じ材質を使った伸縮しないアームの機械に比べて不利です。遠くの木を伐倒できるロングアーム・ハーベスタの利便性は確かに魅力ですが、相応に高価であり、費用対効果をよく考えて選ぶことを忘れてはなりません。

バケットの最大容積—アームの最伸時の吊り上げ荷重

　ハーベスタやプロセッサを購入する場合、概ねの最大伐倒径や枝払い径、作業範囲などは、カタログに載っています。しかし、先述のモーメント計算で概ねご理解いただけたかも知れませんが、カタログに記載されている最大径の材が、記載されている作業範囲内ならどこででも処理できるわけではないと思うので、注意をしてください。大切なところなので、ハーベスタの伐倒可能荷重について、数字をあげて説明します。

　バックホーのサイズは「0.25」とか「0.45」などという言い表し方をするのが通例となっています。この数字は、土砂をすくって作業できるバケットの最大容積を示したものです。つまりアームを最大に伸ばした位置でも、その量の土砂ならすくい上げたり、トラックに積み込んだりすることができるように設計してあるはずなのです。

　例えば0.45サイズなら、本体の中心からアームを最大限に伸ばした時

の土砂の重心である7.5m前後の場所で800kg余り（0.45㎥の土砂の比重1.8として換算）をすくって作業できる能力を有した機械だというわけです。

　その機械のバケットを取り外し、代わりに自重800kgのハーベスタヘッドを取り付けると、アームを最大限に伸ばした位置で持てる木の重さは「800kg（土砂重量）＋約200kg（バケット重量）－800kg（ハーベスタヘッド重量）＝200kg」という計算になります。機械設計時の安全率を無視して計算すると、この条件下で伐倒可能な木の重量はわずかに200kg、スギやヒノキの立木に置き換えると、胸高径20cm程度に相当するということになります。

ヘッドまでの距離と吊り上げ荷重は反比例する

　しかし、先にも書いたようにモーメント計算ですから、アームを半分に縮めると吊り上げ可能重量は2倍に、1/3に縮めると3倍になります。

　したがって、アームを半分に縮めた場所で吊り上げることのできる木の重さ（吊り上げ可能荷重2,000kg－ハーベスタヘッドの重量800kg）は約1,200kgとなり、これは胸高径35cm程度の木に、また1/3の場所なら同じく3,000kg－800kg＝2,200kgを吊り上げることが可能ですから、胸高径40cm余りの木に相当すると、こういう理屈になります。

　以上は、安全率を全く見込まず、また標準バケットが200kgでハーベスタヘッドが800kgとした場合の大まかな試算ですが、筆者の経験から、現実の数字とそれほど大きくは違わないように感じます。いずれにしてもこういう原理・原則を理解した上で、購入を検討されている機種の細かなスペックについては、やはり営業マンに尋ねるより仕方ないと思います。

　しかしその一方で、山の木は年を追うごとに太くなるので、いつまでバックホーをベースとしたプロセッサやハーベスタが使えるのだろうかという疑問が、どうしても脳裏をよぎります。使う機械の種類やサイズによって道の強度や幅員も変わるので、このあたりについては、林業界全体として今から考え、手を打っておかなければならないのではないでしょうか。

ハーベスタヘッドとプロセッサヘッド

◆造材の機能は同じ

　ハーベスタとプロセッサのヘッドについて説明しましょう。双方のヘッドとも、材を掴んだままチェーンを巻いたタイヤやスパイク付きの短いクローラなどで材を縦方向へ送り、その勢いで先端に付けたナイフで枝を削ぎ払う構造になっています。材送りの時に長さを計測し、材が３ｍとか４ｍの規定長になると送りを止め、ヘッド内蔵の油圧駆動チェーンソーで切り落とすという仕組みです。動力はすべて油圧制御で、本節でも述べたようにベースマシン本体から配管で送られてきます。ここまでは、ハーベスタもプロセッサも同じです。

◆ハーベスタヘッド－垂直までチルトする

　では、どこが違うのか。ハーベスタはヘッドを垂直（90度）までチルト（傾けること）させて立木の根元を掴み、そのまま伐倒できる構造になっているのに対し、プロセッサはトング

写真2-1　ハーベスタによる伐倒
ヘッドを起こして（チルトさせて）立木を掴み、伐倒することができる。

写真2-2　ハーベスタによる造材
伐倒した材を掴んだまま造材することができる。

を装着していて、グラップルと同じように材の整理やトラックへの積み込みまでできる点です。

　つまり、枝払い・玉切りという造材作業と、その前工程の立木を伐倒できる機械がハーベスタ。後工程である選別や積み込み作業までできるのがプロセッサだと、このように考えていただけたらよいと思います。

　使い方としては、ハーベスタは作業道上を移動（前述のように林内走行は基本的に不可だと考えてください）しながらヘッドの届く範囲の立木を伐倒・造材したり、チェーンソーで作業道に向けて倒された木を造材するのに適しています。一方のプロセッサは、同じくチェーンソーで倒された木を造材・選別してフォワーダへ積み込むとか、架線で全木集材された木を土場で造材・選別してトラックへ積み込むなどの作業に向いた機械であると、このようなことが言えると思います。

原理・原則31─ヘッドの選択

ヘッド選択のポイント
─樹種や径級、ベースマシンとのバランス

Point

① 取り扱う樹種や枝の太さに適した送材方式を選ぶ。

② 小型の機械に大型の（重い）ヘッドを取り付けると、ヘッドが重くなった分だけ実用作業範囲が狭くなる。

③ 大型の機械に小型ヘッドを装着すると、ヘッドに過大なストレスがかかる。

取り扱う樹種や枝の太さに適した送材方式を選ぶ

　ハーベスタやプロセッサのヘッドには、様々な送材方式があります。先に述べたタイヤチェーン方式やクローラ方式などのローラ方式の他にも、尺取虫のように動くストローク方式などがあるのです。

　ヘッドに求められる性能は、①正確な測尺、②太い枝でも美しく払える、③作業スピードが速い、④軽量であること、⑤メンテナンスの容易さと耐久性等々です。それらについて、上記のどの方式が優れているというわけではなく、それぞれに一長一短があります。ですので、取り扱う樹種や径級など自らの事業体の特徴をよく考え、その上で機械の性能を正しく把握して、ベストなものを選択する必要があります。

ベースマシンとヘッドサイズの不適合に注意

　日本の山地はおしなべて急峻であり、しかも火山灰土が厚く堆積していて雨も多いので、土が軟弱です。したがって、幅の広い堅固な道が造りにくく、山へ入れる機械のサイズも自ずと限界があります。しかし一方で林木は年とともに太くなるので、その太い木を山から出さなければなりませ

ん。

　そこで出てくるのが、小型の機械に大型のヘッドを装着するという発想です。しかし、その発想は両刃の剣です。まず、小型機械に大型の（重い）ヘッドを取り付けるわけですから、ヘッドが重くなる分はどうしても実用作業範囲が狭くなります。これについては、前節（99頁）のモーメント計算を思い起こしていただけると分かるはずです。また、エンジンが小さく油量の少ない小型機械に大型ヘッドを取り付けるわけですから、作業スピードが遅くなるのは避けられません。このように、少しばかり太い木を処理するために作業効率を犠牲にすることが正しい判断かどうか、よく考える必要があります。

写真2-3　ハーベスタ

写真2-4　プロセッサ

　またその逆に、大型の機械に小型ヘッドを装着すると、今度はヘッドに必要以上の油圧がかかったり、想定以上の重さを持ち上げたりすることになるので、ヘッドに過大なストレスがかかり、寿命が短くなる可能性は否定できません。これはハーベスタやプロセッサのみならず、グラップルについても同様です。このあたりも、メーカーとよく相談して確認してから購入するようにしてください。

木が太るにつれ
機械は大型化する

Point

① 対象木の成長とともに
伐出機械も大型化する
必要がある。

② 長伐期施業を成立させ
るための新型機械に期
待。

20年間で間伐対象木の平均重量は3倍になった

前節（101頁）で「木は年を追うごとに太くなり、バックホーをベースとした機械がいつまで使えるのか疑問……」と、このように書きました。ここでその意味を説明しておきましょう。

間伐作業の機械化が始まった20年ほど前は間伐木が細かったこともあって、多くの事業体が自重3～5t程度のミニバックホー（バケット容量0.1～0.15㎥）を使っておられました。筆者の勤務していた森林組合でも5tベースの機械を主に使っていましたが、それでも大きな不満を感じることはありませんでした。

ところが、木が太るにつれて機械も大型化し、今では12tのベースマシン（バケット容量0.45㎥）でなければ対応できない木が出てきました。

20年前の間伐平均木が40年生のスギ（胸高直径20cm・樹高16m・伐倒直後の全木重量は250kg程度）だったとしたら、現在は60年生（胸高直径30cm・樹高22～23m・伐倒直後の全木重量800kg超）になったわけですから、ミニバックホーに装着したハーベスタで伐倒したり、全木のまま持ち上げたりすることなど、できなくて当然です。

避けては通れぬ機械のイノベーション

しかし、本当の問題はこの先です。現在の60年生（胸高直径30cm・樹高

22〜23m・伐倒直後の全木重量800kg程度）が、これからの20年で80年生（胸高直径40cm・樹高28〜30m・伐倒直後の全木重量1,800kg程度）にもなるのです。

　その時にどんな機械でどういう作業をするのか。まさか20ｔもある大型バックホーを山へ入れて仕事をするわけにはいきません。機械の幅が広く履帯も長い上に多気筒の大型エンジンを積んでいるので本体が大き過ぎるのです。そんな機械を無理して入れると、山がひどく荒れてしまいます。

　それを見越してか、数年前から皆伐が推奨され始めました。しかしシカの棲息頭数を抜本的に減らさない限り、皆伐後に再造林をしてもシカ被害によって森林に戻らない地域が多く、また今の8〜10齢級林の面積は膨大なので、すべてを伐採するなど、とてもできる相談ではありません。

　したがって、間伐で大径木を伐り出さなければならなくなる時が、そう遠くない将来に確実にやって来ます。その時に山を荒らさず、かつ効率的な作業システムを組むためには、バックホーのように旋回できてキビキビと動くコンパクトサイズの怪力マシンがどうしても必要になります。

　先述のように、急峻で軟弱な土質の我が国においては、幅広の堅固な道が造りにくく、機械の小型化で対応するより他に手はないと思うのです。しかし残念ながら、今のところそういう機械はどこにも存在しません。

　このままでは、戦後から60年近くの歳月と12.3兆円＊にも上る大金を投じて世話をし続けた先人の努力もむなしく、30億㎥にも達する我が国の人工林は、豪雨や豪雪などの災害に遭うだけの厄介者になりかねません。マシンの開発・製造などの技術に関しては、我が国は世界屈指の能力を誇れるはずなので、本気のメーカーさえ出てくれば機械は造れるはずです。

　車窓から眺めていると、山肌に赤茶けた土砂が流れ出ている皆伐跡地を目にすることがあります。あれを見て美しい森林だと思う人がいるのでしょうか。全国にああいう山が増えたらどうなるのか……。

　今こそ、森林に対する日本人の姿勢や環境意識、美的センス、そして国家としての品格が問われている時であるような気がします。

＊令和元年度森林・林業白書では1020万ha（白書54頁）の人工林に対し、スギ50年生の育林コスト121万円/ha（114万円〜245万円）となっている（白書125頁）。

集材機械─グラップル
用途によって固定式か揺動式かを選択する

Point

① グラップルには、固定式と揺動式の2つのタイプがある。

② 固定式か揺動式かの選択はグラップルの用途によって決める。

グラップルは材を掴み整理する多目的機械

　グラップルとは、ベースマシンであるバックホーのアームにハーベスタやプロセッサではなく、グラップルという材を掴むためだけのアタッチメントを取り付けた仕様の機械です。集材をはじめ、材の整理や仕分け、積み込み、あるいはプロセッサが切り払った枝葉の処理など、多目的に使うことのできる便利な機械です。また、グラップルのサイドにプロセッサのようにチェーンソーを取り付けて（枝払いや材送り・測尺はできないものの）材の切断ができるグラップルソーという機械もあります。いずれも油圧の力で動かすため、ハーベスタやプロセッサと同じようにバックホー本体からの油圧配管が必要です。

　また、ベースマシンがバックホーであるために運動性能が低いという難点や、どの方向へ旋回しても仕事ができる上にカウンターウェイトを載せると安定度が増すという長所も、ハーベスタやプロセッサと同様です。

固定式グラップルと揺動式グラップル

　グラップルには、固定式と揺動式の2つのタイプがあって、使い勝手が少しばかり異なります。

写真2-5　固定式グラップル
使い勝手は良いものの、ねじれ応力等に
対応しなくてはならないために重く、そ
の分だけ持ち上げる能力は小さくなる。

写真2-6　揺動式グラップル
固定式より軽い分だけ持ち上げ能力は高
く、小型の機械向きと言える。またロン
グアームに取り付けて作業範囲を広げる
ことも可能だが、ブラブラ状態であるた
め、使いこなすためには慣れが必要。

　固定式は、文字通りアームの先端の旋回輪に固定して取り付けてあるた
め、旋回はもちろん、グラップルの爪先を好きな方向・角度へ向けて保持
することができます。したがって、材の先端を掴んで水平に保ったり、数
本の材を直立して地面に当てて木口を揃えたりすることができるので、材
の仕分けや選別作業に向いています。ただ、アームにねじれ応力がかかる
ために強度が求められ、どうしても重くなりがちなので、ロングアームな
どには不向きです。
　一方の揺動式は、アーム先端のローテータにグラップルが吊り下げられ

た状態で使うので、アームやグラップルによけいな応力がかかりません。だから揺動式グラップルはその分だけは細く軽くでき、軽くなった分だけ固定式よりも重いものを持ち上げることが可能になります。したがって、ロングアームや伸縮式アームという選択肢も可能になり、その分だけ作業範囲を広げることができます。

このように、固定式と揺動式のグラップル、それぞれに一長一短があるため、自分の事業体は仕分け作業を中心に使うのか、集材に使うのかなど、使用する場面をよく考えて選ぶことが大切です。

大径木にはチェーンソーとグラップルの組み合わせで対応

しかし、このグラップルという機械もまた、対象木が年々成長する中で「いつまで現行の機械が使えるの？」という疑問は否めません。

グラップルというアタッチメントはハーベスタやプロセッサに比べて軽いので（固定式と揺動式によって、またメーカーによって違いがあるので一概にはいえませんが）、その分だけは重量物を持ち上げることが可能です。

写真2-7　ロングリーチグラップル
グラップルのリーチ（腕）は、ベースマシンの中央から12m先まで届く。
この長さを活かして、細長い土場であまり移動せずに材を仕分けている。

　とはいえ、長伐期の時代になって胸高直径60cmを超すような寸法の木が増えてくると、伐倒直後の全木は4〜5 t 近くにもなります。こうなるとハーベスタ伐倒やプロセッサによる造材は難しくなるので、伐倒や玉切りは人間がチェーンソーで、木寄せや集材・整理はグラップルで行うという、シンプルな作業システムに戻らざるを得ません。

　でも現行の機械では4〜5 t もある伐倒木を簡単に作業道まで引き寄せることはできず、元木を4mに玉切っても重さは1 t を超えるので小径木を扱うようなわけには行きません。作業システムがシンプルになればなるほど機械の性能がダイレクトに生産性に直結することを考えると、こうした場面でも、先に書いたような俊敏でパワーのある怪力マシンが必要になります。もしそういう機械が登場したら、きっと大活躍するに違いないと、筆者はこのような夢を見ています。

集材方式は現場の傾斜とコストで決まる

Point

① 集材方式には、林内走行方式、高密路網方式、架線方式、ヘリコプター集材方式がある。

② 現場の状況から判断して、伐出コストの最も安い方法を選択する。

4種類の集材方式

伐採して材を林内から土場まで出す方法には、大きく分けて次の4種類があります。

①林内走行方式

林内へハーベスタを乗り入れて伐倒・造材し、その材をフォワーダに載せてそのまま土場まで搬出する方法。

②高密路網方式

林内に作業道を開設し、ハーベスタやチェーンソーで伐倒して造材し、フォワーダや2〜4tトラックに載せて土場まで搬出する方法。

③架線方式

架線方式は大きく2種類に分かれる。集材機を設置して架線（スカイライン）で吊り上げて搬出する方式と、タワーヤーダやスイングヤーダを使ったランニングスカイライン方式である。

・スカイライン方式

…立木をチェーンソーで伐倒後にスカイラインと称する長い架線を張り、その架線に搬器を取り付けて集材機(ウィンチ)の力で材を空中へ吊り上げ、そのまま土場まで搬出する方式の他に搬器に動力を内蔵した自走式搬器もある。

・ランニングスカイライン方式

…タワーヤーダやスイングヤーダに内蔵のランニングスカイラインと称

する簡易架線を張り、材を完全に空中へは吊り上げず、地引きで搬出する方式。タワーヤーダで100〜150m、スイングヤーダでは50〜70m程度の集材が可能。

④ヘリコプター集材方式

立木をチェーンソーで伐倒して枝を払い、規定の長さに切りそろえて束ねた上で、高強度の帯で縛り、ヘリコプターをチャーターして吊り上げて土場まで搬出する方式。

以上の4種類の集材方法のうちの①は北欧等で一般的に行われている方式で、傾斜が緩い森であること、湿地でないこと、機械で処理できるサイズの材であることなどがクリアーされるところならば可能です。工程数が少なく機械がフル活用できるので最も労働生産性の高いシステムですが、先に述べたように我が国では現場の傾斜がきつく、バックホーや不整地運搬車のようなクローラによる林内走行は難しいのが現実です。

次の②は、搬出間伐において多くの事業体が行っているやり方で、我が国における最もポピュラーな方式だといえます。

そして③が架線系と呼ばれる搬出方法で、急傾斜地や河川の対岸などのように、路網の開設しにくい場所から木を出す時などによく行われる方式です。しかしスカイライン方式は高い技術力を必要とするので、後継者が少なくなっているという課題があります。

最後の④は、かつて奈良の吉野や京都の北山などで行われていた木材搬出方式で、架線も張れないような急峻な山の山頂付近などの木を搬出する時に使われます。ただし、ヘリの費用が1時間当たり50万円前後と高いので、それなりの価格で売れる材でないと採算がとれないという問題点があります。

集材方式は現場の条件とコストで決まる

前述の①〜④のうち、どの方式を選ぶのか。①が可能なら最もコストが低いので最優先ですが、条件をクリアーする場所はあっても、機械と技術を有する事業体はほとんどないのが現実ではないでしょうか。

続いて②が可能ならば②、それがダメなら③と来て、条件的に④の方法でしか搬出できないようなら④だと、このようになります。ただし売価を費用が上回ればムリなので、④方式の採用できる場所は限られます。

　このように、搬出方式は現場の条件とコストを中心に決まるのが一般的なはずなのです。でも現実には、機械や技術や経験がないなどの理由から、架線系が得意だから架線で行くとか、路網に慣れているので急斜面でも無理して道をつけて……などというような理由でもって作業方法を決められている事業体はまだ少なくないように感じます。各々の勝手なので構わないとはいうものの、労働安全や後々の気象災害などを考えると、やはりその方法には一抹の不安というか、危惧を感じざるを得ません。

原理・原則35—架線集材

架線集材は設置・撤去時間に見合う集材量が必要

架線の設置・撤収手間に応じた集材量が必要

　架線集材では、架線の設置や撤収は、準備または片付け作業であり、費用のみがかかって労働成果としては上がっていません。したがって、架線の設置・撤収手間に応じた集材量がなければ、採算が悪くなるわけです。

　その意味から、集材機やタワーヤーダは1本の架線を張ることでかなりの材が集められる「皆伐」には威力を発揮するものの、「間伐」の集材は苦手です。架線を張っても線の真下の材しか集められないので列状間伐にならざるを得ない上に、そのようにしても、1度の索張りで搬出できる量はたかが知れているからです。

　最近になってインターロック機構*のついたタワーヤーダやスイングヤーダ、オートチョーカー（ラジコン式自動荷外しフック）や軽量で丈夫な繊維ロープなどの新しい製品が登場してきてはいます。

　しかし、架線の設置に手間と費用がかかるという根本問題を解決しない限り、作業道の開設できない急斜面で、しかも間伐材を架線で集めて採算を合わせるのは至難の業だと思います。

　　＊ドラムのワイヤーの巻取量ともう一方のドラムのワイヤーの繰出量が同じになるようドラム回転数を自動で同調させる仕組み。

架線集材と中腹林道

　海外の例を見ると、北米のロッキー山系ではタワーヤーダや超大型のスイングヤーダなどで架線集材が行われ、中欧のアルプス山系では中腹林道が整備されて上げ木集材が発達し、下げ木には自走式搬器が普及していると聞きます。

　我が国も、四国や紀伊半島などの急斜面が多い地域にスギやヒノキの人工林が多く見られ、その大半は50〜60年生前後まで育っているわけですから、日本の地形と土壌に合わせた画期的な架線集材の方法と機械の開発、そしてそれを可能にする路網の開設が待たれるところです。

写真2-8　近年、開発された油圧式集材機（写真左下）
電子制御も可能になり、リモコン操作にも対応。初心者でも比較的すぐに
操作できるようになっている。

原理・原則36―フォワーダの選択

集材機械―フォワーダ
国産機種は大半が土木用の
不整地運搬車の改造版

国産フォワーダは林内走行ができない

　欧州では、ハーベスタが造材した材を林内へ入って積み込み、林道や土場まで運搬する機械のことをフォワーダと呼びます。しかし我が国では地形条件等からフォワーダは林内を走行することができず、作業道だけを通って土場まで材を運搬しています。さらに、グラップルローダーを装着していない運搬車も含めてフォワーダと呼ぶこともあり、呼び方に少し曖昧な感があります。グラップルローダーを装着していない場合は、積み込み・積み下ろしを補助する機械が別に必要となります。

　またこの国産フォワーダも、先のハーベスタやプロセッサと同じように、ベースとなっているのは土木機械で、ダムの建設現場などで見かける土砂運搬用の不整地運搬車を改造したものです。その不整地運搬車の荷台に取り付けられている土砂積載用のベッセルを外し、積んだ材が横へ転がり落ちないように荷台の左右に2〜3本の縦棒を立てた機械を、日本の林業者はフォワーダとして使っています。しかし、この不整地運搬車は、不整地

を走行する能力にはムラがあります。足回りがゴムクローラなので接地面積が広く軟弱地や滑りやすい場所には強いものの、林内のように切り株があるなどの凸凹のある不整地は苦手というか、ほとんど走れません。

積載量や積載の仕方に注意が必要

　国産のグラップル付きフォワーダは、その不整地運搬車の荷台とキャビンを少しずつ前・後へスライドさせ、できた隙間にグラップルを設置した機械です。つまり、土砂運搬用の短い荷台をさらに後方へ移動させて材を積載するという、ややムリな設計になっているのです。そのために4m材を積むと荷の重心が履帯のバックエンドよりも後方になり、多めに積んで起伏などを通過すると、後荷重のために機械の前方が浮き上がってしまうことがあります。特に3～4t積みの小型機械はこの傾向が顕著ですから、積載量や積載の仕方に十分な注意を払う必要があります。危険なのです。

カーブの掘れ、ゴムクローラの寿命などが問題点

　さらに、不整地運搬車をベースにしたゆえの難点がもう1つあります。それは走行方法そのものに由来するのですが、カーブを曲がる際に左右のクローラ回転数を違えただけで横滑りしながら機械の向きを変える構造になっている点です。つまりハンドルがなく、バックホーと同じような方法でカーブを曲がるのです。だから重い材を積んで作業道を走るとカーブでクローラが路面へ食い込んでひどく掘れ、土中に尖った岩でも埋まっていたらクローラの表面が傷付くことがあります。

　ゴムクローラというのは、駆動を伝達するための数十個の金具をワイヤーでつなぎ、それをゴムでサンドイッチしたような構造になっています。したがって、ゴムの表面が傷付いて水がしみ込むと中のワイヤーが錆び、やがて履帯そのものが切れてしまうのです。そうなると小型フォワーダでも片方で数十万円、大型だと100万円近い出費になります。

　このように、不整地運搬車をベースに改造された我が国のフォワーダは難点が少なくありませんが、それでもこの機械は欧州のフォワーダに比べ

て破格的に安く（それでも高級外車並み）、また履帯ゆえの特徴として接地面積が広く軟弱地に強いので、土質の軟らかい日本の山には向いているという一面もあります。

林業専用の設計による国産フォワーダが登場

　そうした中、2010（平成22）年の秋に林業専用に設計された国産フォワーダF801が発売されました。前部にエンジンとキャビン、後部が荷台というセパレートになっていて、エンジンの下に前輪、荷台の真下にクローラというスタイルで、アーティキュレート（中折れ）する構造になっています。したがって起伏通過時に機械の前方が浮き上がったり、また滑り旋回をしてカーブで路体が掘れたりすることも、ほとんどありません。そしてオペレータはキャビンから出ることなくグラップルローダーを操作することができます。

　また、安全面でも基本的な配慮はされており、転倒時保護構造（ROPS）になっているので、不整地運搬車の改造型のように転落時にオペレータが車外へ放り出されるようなこともなく、キャビンも潰れないといううたいです。さらにスピード＊も、不整地運搬車とは違って14〜15km/hで走ることが可能です。

　この機械、既存のものよりは少し高めですが、それでもここに書いたようなことを理解して本格的に林業の機械化を進めようと考えておられる事業体を中心に、少しずつ浸透し始めている模様です。

写真2-9　現場で使われている国産フォワーダF 801
最大積載量4.5 t、時速14kmという高いスペックに加えて、オペレータは乗車したままで運転席を回転させ、積込み作業が可能。

＊なお、フォワーダの走行スピードと積載量が、労働生産性や運搬コストにどのように影響するかについては、126頁のシミュレーションをご参照ください。

メンテナンス費用は
機械購入価格の半額を超える

Point

① 購入価格に対する消耗品やメンテナンス費の割合は、車とは比較にならないほど高い。

② 主要部品の摩耗、金属疲労、ゴムやパッキン類の経年劣化などから生じる故障は避けようがない。

③ メンテナンスは早期発見・早期治療が大切。

林業機械は完成途上の商品

　林業機械選びは、車を買う時と似ています。車と一口にいってもセダンやSUV、トラックなど様々な車種があります。それらの中から、使い方や頻度、好み、そして燃費や予算など、様々なものを考慮して決めます。林業機械選びも、これと似たプロセスをたどります。

　ただし、車と林業機械には大きく違う点があります。それは、車は最初から用途や顧客を想定して設計された量産型の乗り物で、たまにリコールなどがあるとはいえ、ほぼ完成された商品です。ところがこれまでに何度も説明したように、日本の林業機械の中で設計当初から林業を想定して造られたのは前節で述べたF801くらいで、その他は建設用に設計された機械を改造して林業用として使っているのです。建設機械としての完成度は高いかも知れませんが、林業用として考えた場合には疑問符がついて当たり前です。

　また、車のようにメーカーサイドからリコールをいってくることはほとんどなく、クレームもよほどでなければ受け付けてはもらえません。車と林業機械は、商品としての完成度も販売店の営業姿勢も、根本的に違うようなのです。

メンテナンス費用の現実と注意点

　その上に、購入価格に対する消耗品やメンテナンス費の割合は、車とは比較にならないほど高くつきます。恥ずかしい話ですが、筆者がこれらのことに気づいたのは、初めて林業機械を購入してから10年以上も経ってからのことです。

　ですから、これから林業機械を購入されようとお考えの事業体は、ここで述べたことを参考にしていただき、機械とメーカーと販売店と、さらにはサービス体制のことまでよく調べた上で、自分たちの事業体に適合したベストのマシンを選ぶことを忘れないでいただきたいと思います。

　以下は、筆者が理事をしている森林組合の話です。ある年の上期の仮決算で400万円のメンテナンス予算に対し、1,300万円もの費用がかかってしまいました。この900万円の超過から、当該年度の上期決算は赤字に落ち込みました。理由は老朽化した機械の大きな故障が相次いだことです。

　組合の所有機械は10台、もう10年近く使っている古い機械から、買ったばかりの新車まで揃っています。全部が新しいとやがて全部が古くなるので、順番に更新できるように計画的に購入してきたのです。そのようなわけで、機械の法定耐用年数は5年ですが、古いものでは10年くらい使っているものもあるのです。

　通常であれば、使用前のグリスアップや点検を行って摩耗した部品を取り替えたりしていれば、買ってしばらくは大きな故障が発生することはあまりありません。しかし使い始めて5〜6年が経ち、アワーメーターが5,000〜6,000時間を超えるあたりから、バックホーならば足回りとかエンジン、フォワーダでもエンジンや油圧系統、グラップルローダーなどの修理が必要になってくるのが一般的です。機械のサイズや使い方によって違うので一概にはいえませんが、主要部品の摩耗、金属疲労、ゴムやパッキン類の経年劣化などから生じる故障は避けようのないのが現実です。

　先に述べた900万円の赤字は、偶然にもそういう関係の大修理が半年の間に何台も重なった結果です。でも幸いなことに下期は大した故障もなく

推移したので、とりあえずは胸をなで下ろすことができました。

　そうした経験からザックリといえば、2,000万円の機械を購入して10年間使うとすると、メンテ費用の総額は1,000〜1,500万円（もちろん燃料費は別ですよ）くらいになります。人間の身体が年とともにガタがきて故障するのと同じように、機械も古くなれば故障が増えるので乱暴な使い方はしないことです。それでも限界だと感じたら、頃合いを見計らって廃棄されたほうがよいのではないかと思います。

メンテナンスは早期発見・早期治療が大切

　日々のメンテナンスについては乗務担当者が行うのが一般的だとは思いますが、所有台数の多い事業体では、メンテ専門要員を配置したり、メンテナンスカーまで持つところもあるようです。しかしこれについては、事業体の規模や機械の所有台数、あるいは経営に対する考え方の違いなどがあるので、特にこれが優れているという決まった方法はないように思います。

　土木業を営む筆者の知り合いに、バックホーのキャビン内を土足厳禁にしてフロアーには絨毯を敷き、アームを動かすシリンダーのメッキ部分が傷付かないように蛇腹で覆っている人がいます。その機械の外観はいつ見てもキレイで、車用のワックスをかけているのではないかと思うほどです。

　聞いてみると、このように大切に愛着を持って乗ると、少しの傷や剥がれ、部品の損耗などに素早く気づき、大きな故障に至る前に修理できるのだそうです。こうすると気持ちよく仕事ができるばかりか、10年で購入価格に近いほどかかるメンテ費をかなり抑えることができるといいます。掃除にかかる時間を仕事とカウントしても、メンテ費の抑制効果のほうが大きいという話でした。そして「おたくの機械ももっと丁寧に扱わないともったいないですよ……」と耳の痛いことをいわれました。早期発見・早期治療が大切なのは、人間の身体も機械も同じのようです。コスト削減のヒントにしていただけたら幸いです。

原理・原則38―効率的作業

効率的な作業システム①
シンプル・イズ・ベスト

Point

① 工程を省くことができれば、コストは下がる。

② 作業の目的、意味、潜んでいる危険を常に考えることが大切。

作業は何のためにどういう意味で必要なのか

　立木を伐採して山から運び出し、長さと太さを揃えて土場に積み上げるまでにかかるm³当たりのコストは、出来映えや品質が同じであれば「費用の総額/材積（m³）」になります。

　したがって「伐倒→架線集材→プロセッサ造材→フォワーダ運材」というような手間をかけるシステムよりも「伐倒→プロセッサ造材→フォワーダ運材」というように、架線集材を省いたほうが、その分だけ費用の総額は下がります。

　架線を張らなければ材が集まらないような現場なら仕方ありませんが、中には「スイングヤーダを持っているから使うのだ、これが俺たちのやり方なのだ」と、スイングヤーダを使うこと自体が目的化しているのではないかと思えるような事業体も過去にはありました。先にも少し触れたように、やはり労働安全や気象災害が気になる上に、「これでよくビジネスになるなぁ」と感心したことを覚えています。

　作業システムは「シンプル・イズ・ベスト」が原理・原則なのです。これを忘れてはなりません。そのためには「この作業は何のために、どういう意味で必要なのか、どこに危険が潜んでいるか」などというようなことを、チームの全員が考えるクセづけをすることが大切で、常に作業システムを見直していくことが必要ではないかと、このように思います。

効率的な作業システム②
ボトルネックをつくらない

Point

① 他がどれほどスムーズでも遅いところに仕掛品がたまる。

② 手待ちができないように作業システムを組む。

ボトルネックをつくらない

　伐出作業は「伐倒→集・造材→運搬→仕分け・整理」という順に仕事が流れます。つまり一種の「流れ作業」なのです。流れ作業であるからには、どこか１カ所でも効率の悪い作業があると、他がどれほどスムーズでも遅いところに仕掛品がたまるだけで、出来上がる製品の数は最も効率の悪い作業のできあがり数を超えることはできません。ボトルネックをつくらず、すべての作業がフル稼働した上で、全体によどみなくスムーズに仕事や材が流れるのが理想です。

　例えば、0.45サイズのハーベスタ（50～100㎥/日程度の造材能力）と３ｔ積みのフォワーダ（20～30㎥/日程度の運搬能力）の組み合わせで作業をすると、フォワーダがいくら頑張っても材が捌き切れず、仕掛品がたまることは避けられません。そうなると、ハーベスタも半分ほどしか稼働できず、ハーベスタオペレータも手待ちになります。こういう場合には、フォワーダを大型にして運搬効率を上げるか、もし予備の機械があるならもう１台追加してフォワーダを２台体制にするのが定石です。

　作業システムを組む時には、機械の能力とオペレータの技量、そして運搬距離などを確認して、手待ちができないようにスムーズに流れるような組み合わせにすることを忘れてはなりません。

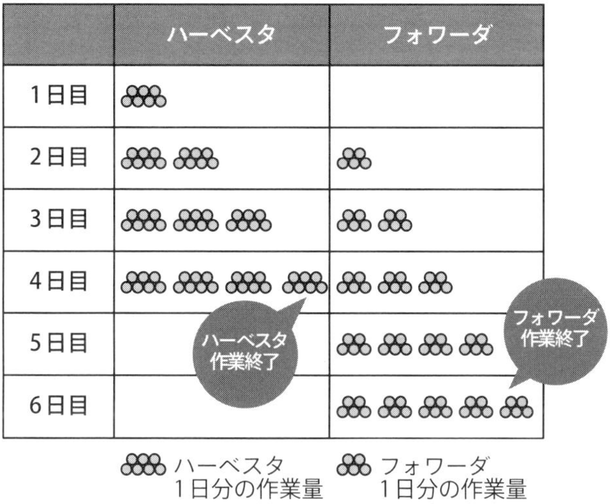

	ハーベスタ	フォワーダ
1日目	⚙	
2日目	⚙ ⚙	⚙
3日目	⚙ ⚙ ⚙	⚙
4日目	⚙ ⚙ ⚙ ⚙	⚙ ⚙
5日目	（ハーベスタ作業終了）	⚙ ⚙ ⚙ ⚙
6日目		⚙ ⚙ ⚙ ⚙ ⚙（フォワーダ作業終了）

⚙ ハーベスタ 1日分の作業量　　⚙ フォワーダ 1日分の作業量

**図2-3　ハーベスタ（造材）とフォワーダ（搬出）の
作業システム工夫例（搬出距離1km程度）**

ハーベスタとフォワーダの1日当たりの作業量が異なるため、
ハーベスタが造材する現場へのフォワーダの投入時期を調整し
た。ハーベスタが4日間で造材した材をフォワーダが5〜6日
で搬出する段取り。

（参考　全国林業改良普及協会編『道具と技　林業現場人Vol.14
　　　　搬出間伐の段取り術』）

効率的な作業システム③ 効率のよい（性能の高い）機械を使う

1 m³当たりのコストで性能の違う機械を比較する。

2 機械の性能はコストに直接影響する。

「積載量」と「スピード」の違う機械で比較

　性能の高い機械が低コストに貢献することについては、費用のシミュレーションでもって確認しておきたいと思います。

　「積載量」と「スピード」の違う（a）と（b）という2台のフォワーダのコストを比較しますが、公平に比べるために人件費等の費用は表2-1の数字を使います。

表2-1　機械コスト比較のための項目と費用

項　目	費　用
人件費（固定費）	20,000 円／人日
社会保険料（固定費）	5,000 円／人日
大型機械減価償却費（固定費）	10,000 円／台日
小型機械減価償却費（固定費）	5,000 円／台日
燃料費（変動費）	100 円／木材 1 m³ 当たり
機械修繕費（変動費）	100 円／木材 1 m³ 当たり

＊固定費と変動費（129頁参照）

（a）8㎥積載、時速12kmのフォワーダの場合

　最初の例は、1kmの距離を8㎥積載のフォワーダを使って時速12km/h
で運搬した場合にかかるコストです。

　時速12km/hで1kmの距離を走ると、往復にかかる時間は10分。材の
積み下ろしに各々10分かかると見て合計30分ですから、休みなく稼働し
続けると8時間で16往復でき、128㎥の材が運べることになります。

$$8時間 \times 60分 \div (10分 + 10分 \times 2) = 16往復$$
$$8㎥ \times 16往復 = 128㎥/日$$

これに、先の比較シミュレーションのための費用を入れ込むと……

項　目	費　用
人件費	20,000 円
社会保険料	5,000 円
大型機械減価償却費	10,000 円
燃料費	100 円×128㎥
機械修繕費	100 円×128㎥
合　計	60,600 円

　㎥当たり費用＝60,600円÷128㎥＝473円となります。

（b）3㎥積載、時速8kmのフォワーダの場合

　次は、同じ1kmの距離を、3㎥積みの小型フォワーダで時速8km/hで
運搬した場合にかかるコストです。

　先と同じ要領ですが、スピードが遅いので1kmの往復には15分かかり
ます。でも積み下ろしは荷が少ないので各々5分とします。すると1往復
に25分ですから、8時間で19.2往復でき、57.6㎥の材が運べます。

$$8時間 \times 60分 \div (15分 + 5分 \times 2) = 19.2往復$$
$$3㎥ \times 19.2往復 = 57.6㎥/日$$

これにも、先の比較シミュレーションのための費用を入れ込むと……

項　　目	費　　用
人件費	20,000円
社会保険料	5,000円
小型機械減価償却費	5,000円
燃料費	100円×57.6㎥
機械修繕費	100円×57.6㎥

合　計　41,520円

㎥当たり費用＝41,520円÷57.6㎥＝720円です。

　いかがでしょう。積載量が8㎥→3㎥に、スピードが12km/h→8km/hに変わっただけで、1日当たりの機械経費が10,000円から5,000円へと半減したにもかかわらず、コストは473円/㎥から720円/㎥へと50％以上も上がり、金額的には247円/㎥の差がつきました。もし年間10,000㎥を搬出される事業体だと、何と2,470,000円の差になる計算です。このように、機械の性能はコストに直接に影響するだけに、購入前のしっかりとしたシミュレーションを忘れてはなりません。
　ここではフォワーダを例に取りましたが、プロセッサにしてもハーベスタにしても、またタワーヤーダにしてもこれは同じです。もしこの事業体が4台の機械を持っているとしたら、それぞれの機種を見直すだけで、年間に1千万円単位の純利益差が出る可能性があるのです。機械の性能をおろそかにしてはいけません。

林業作業の費用を理解する

◆費用には固定費と変動費がある

　現場にかかる費用には、「固定費」と「変動費」の2種類があります。固定費とは「現場が稼働してもしなくてもかかる費用」のことで、社員の給与や賞与、それらにかかる社会保険料、機械や設備の減価償却費などが該当します。

　もう一方の変動費は「現場が稼働すればかかるけれども、稼働しなければかからない費用」で、外注費や燃料費、臨時雇用員の日当、機械の修繕費や消耗品費、レンタル料などが該当します。

　固定費と変動費は別として計算しないと、一緒にしてしまうと正しいコストが見えてきません。それに関する詳しい説明はここでは省きますが、次表のように、費用には「固定費」と「変動費」の大きく2種類があることと、それらは分けて計算するものであるということを覚えておいていただきたいと思います。

表2-2　現場にかかる主な固定費と変動費

	勘定科目
固定費	・伐倒・造材・運搬等にかかる人件費（社員の給与と賞与） ・人件費にかかる社会保険料等 ・機械の減価償却費、盗難保険等の保険料、機械保管料等
変動費	・外注費（土木工事費、木材運送費等） ・臨時雇用員の日当と労働保険料 ・燃料費、機械の消耗・修繕費、レンタル機械費等

＊勘定科目については、変動費と固定費のどちらかに振り分けるのが難しいことがあります。そのような場合には、中小企業庁「中小企業の原価指標」を参照してください。

効率的な作業システム④
稼働していない機械にも費用がかかる

Point

① 止まったまま稼働していない機械にも費用がかかる。

② 遊休機械の有無で事業体のコスト意識や労働生産性が分かる。

稼働していない機械も費用がかかる

先に、㎥当たりのコストは「費用の総額／材積(㎥)」であると説明しました。これは1つの現場コストのみならず、年間を通じた場合でも同じで「年間の費用総額／年間搬出総材積(㎥)」が年間を通じた材積当たりのコストになるわけです。

したがって年間の費用総額を減らすと同時に、生産量を増やすことも大切です。ここまでは当たり前の話です。

この時に、多くの皆様が見逃しておられるのが、止まったまま稼働していない機械の費用です。

購入した機械は、代金を支払った時だけでなく、減価償却という形で5年間にわたって償却していく決まりになっています。したがって減価償却が終わるまでは、仮に2,000万円で買った機械なら動いていようがいまいが、年間400万円の費用を支払っている計算になるのです。年間出勤日を200日としたら、動かずに止まっている機械は、日当2万円の臨時作業員を雇ってきて昼寝をさせているのと全く同じなのです。それならば休ませずに稼働させるか、あるいは必要な時だけレンタルするほうが安く上がるに決まっています。

現場を見て、動いていない機械がどのくらい目につくかによって、その事業体のコスト意識や概ねの労働生産性は判断がつきます。あなたの会社

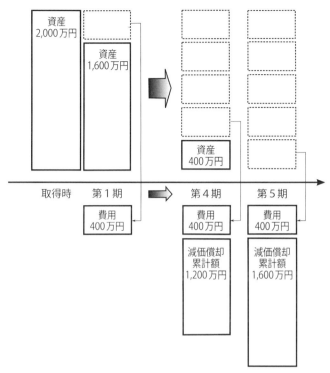

図2-4　2000万円で購入した機械の減価償却費

は大丈夫でしょうか？　遊休機械のコストを見逃しておられる事業体さん
は意外と多いですよ。

効率的な作業システムとは、当たり前のことができること

　以上、第2部の冒頭に述べた「効率的な作業システムに必要な4要件」
を具体的に説明しました。いずれも考えたら当たり前のことばかりです。
しかし、その「当たり前のこと」が上手くできないのが私たち人間です。
　「過ちを改めざる、これすなわち過ちという」、こんな言葉もありますか
ら、気づいたらすぐに直すことが大切です。この4要件も、常に脳裏のど
こかに残しておいて、気づいたら改める習慣をつけることによって少しず
つ改善されていくのではないかと思います。

中間土場で新たなサービスを発想する

1. 大型土場に材を集め、安定的に客先へ搬送することでコストダウンを図る。

2. 土場は、様々な材が多量に集まることから、顧客への新たなサービスを提供できる可能性がある。

伐出にかかる手間と費用

林業現場の作業システムとは少し趣を異にしますが、中間土場の是非について、原理・原則という視点から触れておきましょう。

木材は重くてかさばるわりに伐採から客先へ届けるまでに多くの手間や費用がかかる商品です。先の「伐出作業システムの4要件」を守ってうまく搬出したとしても、立木を伐採して玉切り、山から運び出して径級別に仕分けて客先へ届けるまでには、現場の状況によって変わるので一概にはいえませんが、管理費を除いても6,000～11,000円/㎥くらいかかるのが普通だろうと思います。

そこで、個別現場の土場で材を仕分けるのではなく、数万～十万haくらいの森林面積に1箇所くらいの大型土場をこしらえて材を集め、安定的に客先へ搬送することでコストダウンを図れないかという考え方が出てきました。これが中間土場と呼ばれる方式です。空港に例えるとハブ空港、魚河岸だと築地や豊洲市場のようなイメージではないかと思います。木材流通がそううまく行くのかどうか、少し考えてみたいと思います。

中間土場－顧客への新サービス提供の可能性

結論からいえば「可能性はあるが、ハードルは高い」と、このようにい

わざるを得ません。その理由は、次の表からも分かるように、明らかに工程数が増えて、効率的な作業システム「シンプル・イズ・ベスト」に反します。しかしその一方で、大型のトラック（20t車やトレーラー）を使うことによって遠方への運送コストを下げたり、自動選別機を設備して仕分け費を安く抑えられる可能性はあります。これらの点は、効率的な作業システム「効率のよい機械を使う」に適っています。

　また、コストとは直接に関係はありませんが、様々な材が多量に集まってくることから、顧客に対する新たなサービスを提供できる可能性は残されていると思います。異業種の、林業・木材業とは違った感性を持つ人が参入してくると、奇抜な楽しい発想が出てくる可能性はあります。

　このように、顧客への新しいサービスを提供するアイデアが効を奏し、工程数が増えることによるコストアップ分をトレーラー運送や自動選別機などの「効率のよい機械を使う」ことでもって補うことができればという条件付きで、この中間土場方式という考え方は将来的に面白くなる可能性を秘めてはいると思います。

　参考のために、山土場方式と中間土場方式にかかるザックリとした費用の想定を、筆者の経験をもとに対比して掲載しておきたいと思います。

表2-3　山土場方式と中間土場方式の比較

	山土場方式の現場経費	中間土場方式の現場経費
伐倒	1,500 〜 2,500 円 /㎥	1,500 〜 2,500 円 /㎥
枝払い・玉切り	1,000 〜 2,500 円 /㎥	1,000 〜 2,500 円 /㎥
山土場まで搬出	1,000 〜 2,500 円 /㎥	1,000 〜 2,500 円 /㎥
山土場仕分け	700 〜 1,000 円 /㎥	—
トラック積込み	400 〜 800 円 /㎥	400 〜 800 円 /㎥
トラック運送（10t）	1,000 〜 1,500 円 /㎥	700 〜 1,200 円 /㎥
中間土場仕分け	—	700 〜 1,000 円 /㎥
大型トラック積込み	—	400 〜 800 円 /㎥
大型トラック運送（トレーラー）	—	700 〜 1,200 円 /㎥
山土場設置費用	適宜	—
中間土場土地代＋管理費	—	適宜
合　計	5,600 〜 10,800 円＋α	6,400 〜 12,500 円＋α

常に想定外への対応策を考える

Point

① 自動車産業では、欠員で製造ラインを止めないために交代要員を配置する。

② アクシデントへの対応策を普段から考える。

交代要員を50人に1人配置

日々の仕事を行う中では、「想定外」のアクシデントに見舞われることが時々あります。もちろん林業とて例外ではありません。その代表格といってよいのが、突然の欠員です。前日まではスムーズに作業が流れていたのに、朝になって急に誰かが風邪で休むとか、子供が熱を出したので医者へ連れて行くなどということになると、その日の現場段取りはうまくまわらなくなります。

そこで、筆者が10年ほど前に視察したトヨタL&Fでは次のような対策を採られていたので、それを紹介しておきたいと思います。

その工場は20名あまりを1チームとする製造ラインがいくつも並んでいて、すべてのラインが稼働していました。よく見ると、2ラインに1人くらいの割合で、黄色のベストを羽織った人が何をするわけでもなくウロウロと掃除などをしているのです。不思議に思って「あの人は何をしているのですか?」と聞くと「彼はどの作業にも就けるベテラン社員です。誰かが都合で抜けて1ラインが止まると20名が遊ぶので、それを防ぐための交代要員です」という返答をいただきました。交代要員は、50名に1人くらいの割合で配置するのが適当だというようなお話でした。

事業体の規模に応じた対策を考える

　こうした想定外への対策は、システムとして仕事をするためには必要不可欠なものです。林業の場合は3〜5人程度のチームが大半でしょうが、誰が欠員してもどこかの工程が止まり、作業システムはスムーズに流れなくなります。そうなると機械も止まるので、その日の1人当たりの労働生産性は、無駄なく計画された作業システムであればあるほど、大きく落ち込むことは避けられません。

　したがって、多くの人が働く事業体ならトヨタ方式と同じような対策が好ましいかも知れませんし、総勢10人程度で2〜3チームを擁する職場なら、誰か1人くらいは、路面や河川の清掃など、必要だけれどもシステムの流れからフリーに仕事をできる人がいると重宝します。アクシデントが発生した時には、その人が助っ人に入ることでシステムを予定通りに機能させることができるからです。

　また、ここでは「突然の欠員」に限ってトヨタの取り組みを説明しましたが、後でも述べるように林業は「想定外」のオンパレード業種です。したがって日々起こる様々なアクシデントにどう対応するのか、やはり普段から対策を考えておかなければなりません。

　その意味では、ここに提示したトヨタの「欠員対応策そのもの」から学ぶことも大切ですが、それだけでなく、この対応策が産み出された「背景にある考え方」を学ぶことがより大切ではないかという気がします。それができると、何かあった時の対策幅がより自在になるのではないでしょうか。このあたりが、アクシデント対策の原理・原則であるように思います。

原理・原則44─作業日報

作業日報で現場の進捗を把握する

Point

1. 工程とは作業手順のことで、一目で分かるようにした表が工程表。
2. 作業手順と進捗状況表が一体となった工程表がベター。
3. 作業日報の記入と集計で現場の進捗を把握する。

工程表の種類

作業システムの基本が理解されたなら、それを踏まえた上で、作業手順書を作ります。この手順書のことを「工程表」と呼びます。

工程表の種類には、仕事の始まりから完成までを表した総合工程表の他に、ある期間だけの手順を書いた月間工程表や週間工程表、さらにはある部署だけの部署別工程表などがあります。

プロジェクト名	顧客名	開始日	完了予定日	責任者	作成者
搬出間伐	●●生産森林組合	2019/10/1	2019/12/25	間伐太郎	森 守郎

内容	担当	予定日 開始	予定日 終了	実績日 開始	実績日 終了	2019年 10月	11月	12月
伐開	森	10/1	10/2	10/1	10/2			
作業道開設（外注）	A社	10/10	10/24	10/10	10/25			
間伐	杉下	10/26	11/7	10/26	11/16			
ハーベスタ（立木伐採・造材）	山中	10/25	10/31	10/25	10/31			
ロングアームグラップル（集材）	長田	11/14	11/17	11/14	11/17			
ロングアームグラップル（谷掃除）	長田	12/14	12/17	12/21	12/25			
フォワーダ（運材）	早田	11/26	12/5	12/1	12/10			
トラック運送（外注）	B社	12/1	12/5	12/5	12/10			

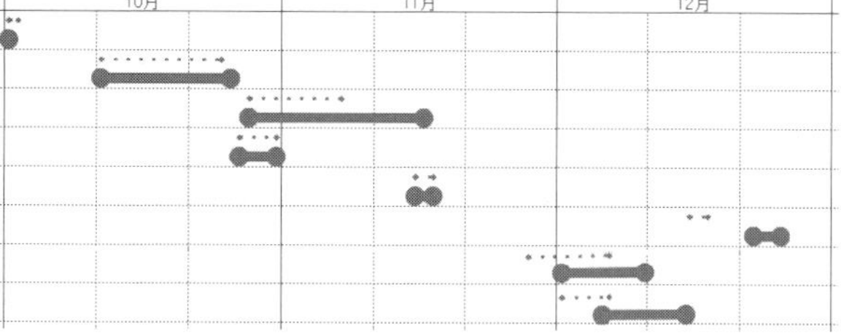

図2-5　ガントチャート工程表（搬出間伐の事例）

また、表現方法として、誰にでもわかりやすいガントチャート式工程表（棒グラフを横にしたバーで作業期間を示す、図2-5）と、建築工事のような複雑な作業の相互関係を把握する場合に用いられるネットワーク工程表の、大きく2種類があります。林業は作業間の相互関係はあまり複雑に影響しないので、わかりやすいガントチャート工程表が適していると思われます。

工程だけでなく進捗状況まで分かるのが望ましい

工程表ができたら、それを基にして現場の進捗を管理するわけですが、予定だけでなく、実績も分かるようになっていなければ現状の進み具合が理解できません。「何月何日にはどこまで進んでいる予定」なのに対し、実績としてどこまで進んだのか、というように対比できるのが望ましいわけです。

さらには、その時点までにかけてよい費用はいくらで、現実にいくらかかったのかが分かればよりベターです。そうでないと、現場をこのまま進めて行くべきか否か、修正するならどこをどう修正すべきなのかということが判断できないからです。

作業日報の記入と集計で現場の進捗を把握する

ところが現実には、現場の状況をリアルタイムに事務所で把握している林業事業体などほとんどないのではないでしょうか。それどころか、遠慮なくいえば、班長さんでさえ現場の進捗状況と費用のバランスを把握されていない事業体が多いのではないかと思います。現場の進捗や費用のかかり具合が把握できていないのに、工程を管理（コントロール）することなど、できるわけがありません。

したがって、まず始めなければならないのは、現場の進み具合を正しく把握するための「作業日報の記入と集計」です。

現場要員の毎日の作業日報には「現場名」「使用機械」「使った燃料」「作業実績（伐倒本数や造材材積、運搬材積等）」「費用（月給や賞与、経費の日割り）」などが書いていなければなりません。その全員分を毎日集計する

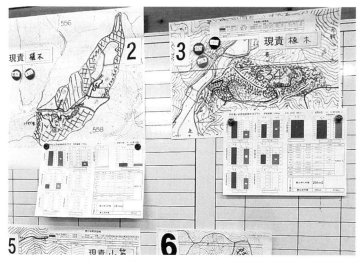

写真2-10　「作業実績」と「費用」の把握例

事務所のホワイトボードで、現場の進捗を管理している例。この事業体では、常時7～8カ所ある現場ごとの進捗状況がホワイトボードに張り出され、日々更新されている。
現場では、伐木本数、運搬（立方、回数）を記録し、日々工程表のデータを更新し、計画通りの費用なのか、出材量なのかを確認する。また、同時に複数箇所の現場を動かし、現場ごとの進行タイミングを調整することで、機械を遊ばせないように工夫している。森林経営計画の設計途中が3現場、路網開設中が3現場、間伐・造材途中が2現場、搬出・片づけ途中が2現場と計画することで、すべての機械をフルに稼働させている。

ことで、現場の進捗状況と経費のかかり具合が分かるので、それを工程表の実績欄に書き込むと、計画と実績の対比ができます。

　その結果が順調であれば、その調子で明日からも続行。反対に赤字になっているなら原因を探り、どうすれば黒字に転じるかをミーティングします。その対策案ができたら、全員に周知して役割分担をし、各々が任されたパートの責任を持って仕事を進めるという流れになります。

　こうしたことは「プロの社会人」なら当たり前だと思うのですが、どういうわけだか、林業の世界ではあまり実施されておられないように感じます。「マズイとわかれば直すこと」。これはスポーツであれ武道であれ芸術であれ、すべての事柄における上達の鉄則です。その気になりさえすれば誰にでもできることではないかと思います。

原理・原則45—工程管理

工程管理で問題を早期発見する

Point

① 天候頼みの林業は想定外のオンパレード。

② 想定外が起きるからこそ工程管理が大切。

③ トラブル解消のポイントは早期発見。

林業にこそ必要な工程管理

　林業現場は天候が大きく影響する職場ということもあって、「想定外」のオンパレード業種です。天候の急変や突然の欠員のみならず、機械のトラブルやケガ、急ぎの注文材が入ったり、外注先のアクシデント等々、それこそ毎日のように何かが起こります。

　このように想定外の出来事が多い業態だから工程管理を行わないのではなく、逆に、だからこそ工程を管理することによって早期の対処が可能となり、その成果も大きいことを正しく理解すべきです。

　前節のように、日報を利用して現場の状況を把握し始めると、最初に作成した工程表通りには行かず、必ず遅れたり進んだりする部分が出てくることがわかります。翌日の頑張りやわずかの残業で取り戻せる範囲ならともかく、そうでないものを放っておくと、しだいにシステムがつながらなくなってくるはずです。

　そうなると「効率的な作業システムの4要件」に反するような仕事をしなくてはならない羽目に陥って労働生産性が下がり、気づいた時にはもう取り戻せなくなっているというケースが多いと思います。

　現場の仕事も人間の身体も先に挙げた機械の故障も同じで、問題を早いうちに見つけて修正すると何でもありませんが、手遅れになってしまうと回復に相応の時間とエネルギーが必要になります。特に現場管理に当たら

れている方は、早期発見・早期治療（修正）の大切さを忘れないようにしていただきたいと思います。

「組織の力」と「人の和」

◆工程表を基にした業務改善でアップする組織の力

　工程管理を行い、それが常態化してくると、いつとはなしに組織の力がアップしてきます。何かアクシデントがあった時に、どういう状況だから今自分は何をしなければならないかを皆が判断して動くようになります。常に工程表をもとに業務改善ミーティングを行うことで、何かあった時の行動規範や責任感が出てくるのです。

　こうなって初めて、あたかもプロのサッカーチームが見事なフォーメーションを駆使してゴールを決めるような、そんな現場仕事が、少しずつできるようになってきます。そういう事業体になればもうしめたもので、業績アップは間違いないと思います。

◆「組織の力」を活かす「人の和」を軽んじるな

　ただし、そのために気をつけなければならない大切なことがあります。それは「人の和」です。いうまでもなく組織とは人の集まりであり、現場で起こりかけている問題を発見するのも、またその情報を伝達するのも、組織の構成員である「人」です。したがって、その人々が相和して、組織全体のことを考えるという風土をつくらないと、必要な情報が責任者や管理者まで的確に伝わらず、適時に改善策を講じることはできません。

　例えば現場で誰かが「このままだと次の作業に支障が出るかも……」と感じたとしても、「お前は黙っていわれたことをやるだけでいい！」と一蹴されるような気風の職場だと、現場で起こりかけている問題の火ダネが早期に責任者や管理者へ届くことはないでしょう。火事でもボヤのうちに消し止めると何でもありませんが、火が大きくなってからでは消火に大変な手間がかかります。何度も述べたように、何かにつけて早期発見が大切なのです。

　倒産する会社や団体の多くは、この「人の和」の乱れが原因の根本にあるケースが少なくないのではないかと、筆者はこのようにさえ考えています。

　いずれにしても、いにしえの昔に聖徳太子が制定された十七条憲法の第一条は「和を以て貴しと為す」です。いかに優れた「作業システム」や「工程管理」の手法といえども、これに背くと効を奏しません。とりわけ、管理者や経営者の皆様方は、しっかりと肝に銘じておいていただく必要があるのではないかと、このように思います。

第 3 部

作業道づくりの原理・原則

湯浅　勲

　作業道の有無が林業で採算がとれるか否かの大きなポイントの1つとなります。

　路網計画と基本設計、踏査と施工、ヘアピンカーブの設置などについて、実践の中での手痛い失敗例をはじめとして、現場での経験から学び、現地の検証を経て獲得した作業道づくりの原理・原則を紹介します。

原理・原則

- □ 作業道の必要性、作業道の要件
- □ 土壌、土壌の種類、土壌の特性
- □ 断層、流れ盤
- □ 豪雨の影響
- □ 山腹崩壊予定地、沢の対処法
- □ 路面水の処理、水の力
- □ 作業道の計画
- □ 幅員、縦断勾配
- □ 踏査、ルート調査、ルート確認
- □ 切土、盛土、安定勾配
- □ 路肩の立木、路盤工、丸太組み
- □ ヘアピンカーブの施工、ヘアピンカーブの適地
- □ 基本を守る

作業道は現代林業の救世主

Point

1 作業道の有・無が、林業で採算がとれるか否かのポイントとなる。

2 国（林野庁）が「林業専用道作設指針」と「森林作業道作設指針」を制定し、「森林作業道作設ガイドライン」も整備。

3 作業道は多用途に使うことができなければならない。

作業道がなければ林業の成立は難しい

戦後から高度成長期にかけて、営々と植え続けられた1,000万haに及ぶ人工林が、間もなく伐期を迎えようとしています。植林時に予定した通りに皆伐するもよし、さらに間伐を繰り返して大径材生産を目指すもよしという林齢に、ようやく達したのです。

ところが、木材価格が著しく下落したことによって、皆伐であれ間伐であれ、昔ながらの人力に頼る伐採や搬出方法では、採算に合わなくなりつつあります。大型機械を使って効率のよい作業を行わなければ、材の売上げから伐出経費を差し引くと手許にはいくらも残らないのです。そのような理由から、機械の入れない山を中心にして、手入れをしないまま放置された森林が増えて大きな問題になってきました。

放置された森林では木々が混み合い、陽の当たらない下枝は枯れ上がり、樹冠が貧弱になって幹は太らず、また根系もあまり発達しないのに樹高だけが伸びます。

その結果、モヤシ林と呼ばれる状態になり（写真3-1）、強い台風や豪雪に見舞われると倒壊するリスクが高まります（写真3-2）。その上に、

　もしそこが急傾斜地であったとしたら、大雨による山腹崩壊の心配もしなければなりません。

　このようになってしまうと、半世紀にわたるこれまでの苦労が水の泡になるばかりか、周りの環境に与える影響も無視はできなくなります。

写真3-1　樹冠が貧弱で幹が細長いモヤシ林

写真3 2　倒壊した間伐遅れ林

　林業で採算がとれるか否かのポイントは、ズバリ作業道（以下・道とも表記）の有・無です。道ができると奥地でも大型機械を入れることができ、材の運搬も容易になりますから、当然ながら森林整備も進みます。

　少し大げさな表現をすると、作業道は現代の林業に欠かすことのできない強力な助っ人、あるいは救世主であるといっても過言ではないのです。

そうした背景のもと、国(林野庁)でも2010(平成22)年に「林業専用道作設指針」と「森林作業道作設指針」を制定し、次いで「森林作業道作設ガイドライン」が整理されました。

多用途に、そして子・孫の代まで使いたい作業道

　しかしその一方で、実際の林業現場では、スギやヒノキの根株を石垣のように積んで土を留める工法や、クローラ式の機械は通れるけれども車は通行不可という道をよく見かけます。根株で土砂を留める工法は時間が経てば腐って崩れるし、また車が走れなければ、道の開設効果は半減してしまいます。

　林業という営みは世代をまたいで続くものですから、長期的な視点が欠かせません。目先だけ見て開設された道は、その時は安くても、メンテナンスが大変で長期的には高くつきます。「安かろう、悪かろう」という言葉は作業道にもそのまま当てはまるのです。もちろん、不必要にお金をかけるのは愚かだと思いますが、少なくとも自然の摂理を踏まえた上で設計や施工が行われていなければなりません。

　また作業道の使い方にしても、先に述べたように間伐や皆伐時に林業機械を稼働させるのはもちろんですが、それ以外にも、再造林時の苗木運びやシイタケホダ木の運搬、山菜採りやキノコ狩り、さらには台風や降雪後の被害状況調査等々、様々な用途に使えなければなりません。

写真3-3　永く使い続けることのできる道が望ましい

　したがって、時間が経てば崩れるような工法は論外ですし、車が走れなければならず、メンテナンスを繰り返しながら永く子や孫の代まで使い続けられるような道が望ましいのはいうまでもありません。

山を知り己の技量を知れば百戦殆うからず

　中国の古典である孫子の兵法に「彼を知り己を知れば百戦して殆うからず」という一節があります。

　孫子が遺したこの言葉は、人の世の真理を突いており、山に作業道を開設しようとする我々にもそのまま当てはまります。筆者なども、当初は山や土に関する知識（道を開設する際の相手＝孫子の兵法でいう彼）をよく知らなかったばかりに、ある程度の納得がいく仕事ができるまでにずいぶんと時間がかかり、また多くの失敗もしました。今でもまだ勉強中ですが、ふり返ってみると30年もの年月を費やしています。

　筆者が廻り道をした理由の１つに「安全で使いやすく壊れにくい道を低コストで開設できる方法があるだろう！」と考えていたことです。でも兵法と同じで、どのような場面にでも通用する決まり切った１つの方法などというのは、ありません。様々な工夫を繰り返した結果、山や土の状態（彼）を把握し、道の使い方に合わせてアレンジするしかないのだということに、ようやくたどり着いたのです。このことを理解しておくと、筆者のような廻り道や多くの失敗を重ねなくて済むはずです。これは、作業道づくりにおける大きな原理・原則の１つだと思います。

作業道に求められる4要件
―目的に合致した規格、安全性、将来性、気象対策

要件① 合理的なルートと幅員、勾配の確保

　林業の救世主となる作業道には何が求められ、また何を満たしていればよいのでしょうか。

　まず1点目は、ルートや幅員、勾配などについてです。現地で実際に道を計画する場合、「この区間は移動を中心に使おう」とか、「ここでは造材作業をしたいな」、あるいは「この間は材の運搬を中心に使うことになる」など、1本の道であっても、その場所によって使う目的が少しずつ異なるのが普通です。

　したがって、それらの目的に合致したルートや幅員、勾配などを確保した道が最も使いやすく無駄のない道ということになります。これに異論のある方はおられないと思います。そうすると、使い方や土質（土質によって滑りやすさなどが変わる）を考えずに、最初から2.5m幅とか3m幅とか、あるいは最大勾配は何％などというように、幅員や勾配を決めてかかるのは、あまり賢い方法とはいえません。

　通常は片側2車線の高速道路でも、交通量の多い区間では3〜4車線のところがある一方で、交通量の少ない地方へ行くと片側1車線の高速道路

があります。それが理に叶っているからそうなっているのです。

　考えてみると当たり前のことなのですが、現実の林業でそのように考えて作業道をつくられている方は少数派ではないかと思うのです。材価が安いご時世ですから、最小のコストで最大の効果を得るための工夫をすることが大切です。

要件②　車や機械が転落しない安全性

　2点目は、安全についてです。作業道に起因する事故で多いのは「機械の転落」と「滑落」ではないかと、このように思います。前者の転落事故では「路肩の踏み外し」、つまり車でいうところの脱輪(人為的ミス)と「路肩が崩れて転落」(路網の欠陥)の、大きく2つの要因が考えられます。

　もう一方の滑落は「機械が道の縦断方向へ滑ってコントロール不能」という場合と、「道の横断勾配が谷側へ傾いているため真横に滑って落ちた」という、こちらも2つの要因が考えられます。

　こうした事故の前には、おそらくヒヤリ・ハット体験があったと思うのです。そういう経験を軽んじることなく、現場の声に耳を傾けて改善していくことで、安全性は少しずつ高まって行くはずです(190頁も参照)。

要件③　森林が目標径級に達した時にも使える将来性

　3点目は将来のことです。間伐を適正に行うと残された木々は年とともに加速度的に大きくなります。例えばスギ林の場合、きちんと手入れをすると40年→50年→70年→90年と、ほぼ倍々ゲームのように大きくなって90年生の単木材積は40年生当時の8倍を超えるのです。

写真3-4　90年生のスギ林
（胸高径60cm　樹高38m）

149

大径材生産を目指すのなら、その時にどんな機械をどのように使って材を山から搬出するのか、それらのことも想定して開設当初から幅員を確保しておくか、拡幅できる余裕を持っておかなければなりません。

要件④　集中豪雨による流亡や崩落の対策

　そして最後が、気象対策です。この数年、毎年のように全国どこかで、かつてはなかったような豪雨に見舞われています。そうした雨が、いつあなたの町や村を襲うかもわからないのです。その場合、もしそれが本当に限界を超える大雨であったとしたら、作業道に関係なく斜面は崩れます。そういう時に斜面が崩れるのは、これは自然の摂理であって防ぎようがありません。

　しかし、作業道を開設したことによって崩落を誘発するとか、または開設した道そのものが流亡するなどということは、これは人災ですので避けなければなりません。こうした人災は、自然の摂理を読み解いて対処することによってかなり減らすことが可能です（162頁も参照）。

作業道は土壌に応じて施工する

Point

① 作業道はその場所にある土砂を使って路体を構築する。

② 自然の摂理を拠り所に作業道を開設する。

③ 作業道の技術者は、土壌や地層などに関する原理・原則をまず学び、次に体験し、その上で工夫する必要がある。

作業道はその場の土砂を使って路体を構築する

　前節で、作業道の意味と求められる要件をサラリと書きましたが、実際に設計や施工を行うとなると、これがなかなか難しいのです。

　その理由は、国道や県道・市町村道などの一般道に比較してみると明らかになります。一般道にはそれぞれの規格や基準があって、それに基づいて設計をし、また施工も行われています。したがって誰が設計をしても、またどこで施工しても、ほぼ一定基準のものをつくることができます。

　けれども、作業道には指針こそあるものの、規格も基準もなく、また危険防止のための滑り止め工などの例外を除くと、一般道のように鉄筋やコンクリートなどのような外部から搬入した資材を使うこともできません。あくまでも、その場所にある土砂を使って路体を構築するのが原則です。ところが、後述するように土質は地域によって千差万別、同じ山であっても裾野と中腹で大きく違うというケースも珍しくありません。

　そのような中で、必要とされる強度や耐久性のある道を開設しようとすると、その場所の土壌に応じた施工をきめ細かに行うより他に手はありません。しかも作業道の場合は、費用の関係から試掘もせずにこれを行うの

です。

　常識的には、バックホーで山を削って盛るだけの簡易な道よりも、桁違いのコストと資材を使って工事をする一般道のほうが難しいだろうと、誰もがこのように考えると思うのです。しかしながら、使いやすくて荒れにくい道を低コストでつくるには、一般の土木工事とは少し違った知見が要求されるので、それなりの難しさがあるのです。

作業道づくりの拠り所は自然の摂理

　それでは、「基準」も「規格」もない中で作業道を開設するために必要となる知見とはどのようなものなのか。一言でいうと「自然の摂理に従うこと」なのですが、もう少しわかりやすく説明すると「自然の成り立ちをできるだけ深く理解して、その許容範囲内で前項の４要件をクリアーする道を開設すること」と、このようになります。「何だか難しそう！」と思われるかも知れませんが、順を追って紐解いていけば大丈夫、少しずつわかってきます。

　作業道開設に関しては、多くの方々が様々な本やテキストを書かれていて、その中には「よく考えられていて参考になるなあ」という事例も多々あります。でもそれらは「その時に、その場所で、その使い方に対してのベスト」ではあっても、「これが唯一無二のどこででも通用するパーフェクトな方法」ではないのです。

　そういうわけですから、作業道を担当する技術者は、土壌や地層などに関する原理・原則をまず学び、体験を通じてそれを見識の域にまで高め、その上で工夫をしていかなければならないのです。

　それでは、次節から、いよいよその基礎知識に入っていきたいと思います。先入観を持たずに、素直に読み進んでいただけたら幸いです。

原理・原則49─土壌の種類

岩石と土壌① 土壌の特性を知らなければ作業道はつくれない

Point

①土壌とは岩石が風化して細かくなったもの。

②岩石には、「火成岩」「堆積岩」「変成岩」の3種がある。

土壌の特性を知らなければ作業道はつくれない

前節に「作業道はその場所にある土でもって路体を構築しなければならないこと」や「土質は地域によって千差万別、同じ山でも裾野と中腹で異なること」などを書きました。そうすると、同じ方法でつくった道の強度や耐久性は、その場所の土質で変わることになります。したがって、一定基準の道をつくろうと思えば、その場所の土壌特性をきちんと知って、きめ細かに対処しなければならないことになります。

ここでは、そもそも土壌にはどのような種類があるのか、それらはどのようなものなのか、またどうしてできたのか、などについて、順に見ていきたいと思います。

土壌は風化した岩石と火山灰土からなる

森林の表面を覆う土壌の大半は、岩石が風化して細かくなったものや、火山から降り注いだ火山灰土などからなっています。そして地表近くのごく浅いところは、動植物の遺骸などが混ざった腐植層となっています（正木 隆著『森づくりの原理・原則』23頁参照）。それらが雨で流れ去ったり風で飛ばされたりしないのは、地表の植生が表層土壌への雨滴の直撃を防いだり、腐植層の中に根を張ることで、落葉や腐植層が流亡しないように護ってくれているおかげです。

そして土壌の元となっている岩石は、でき方によって火成岩、堆積岩、変成岩の、大きく３種類があります。これらを順に見ていきましょう。

火成岩

　火成岩は、その名が示す通り、地下内部にあったマグマが冷え固まって岩となり、それが隆起して地表へと出てきたものです。

　その火成岩の中で、地下の深いところでゆっくりと冷え固まったために等粒状の組織が発達したものを深成岩、浅いところで急冷されて固まったために鉱物の結晶化が不十分なものを火山岩と、このように呼んで区別しています。

　深成岩の代表的なものには花崗岩、閃緑岩、ハンレイ岩が、また火山岩には流

写真3-5　花崗岩を使った彫り物

紋岩、安山岩、玄武岩があります。花崗岩と流紋岩はほぼ同じ組成で白っぽく、ハンレイ岩と玄武岩は黒っぽい色をしており、閃緑岩と安山岩はその中間です。花崗岩は御影石とも呼ばれ、ゴマ塩状の白っぽいものが多いのですが、うす紅色をしたサクラミカゲなどと呼ばれるものもあります。墓石や仏像、灯籠などの彫り物などに使われ、日本中あちこちの山に広く分布しています。いずれも硬い岩石です。

堆積岩（水成岩）

　堆積岩もその名の通り、砂利や砂・粘土などの岩石風化物や動植物の遺骸などが、水や風で海底や湖底に運ばれて層状に堆積し、長い年月を経て固形化したものです。水中でできたので水成岩とも呼ばれます。代表的なものとしては泥岩、砂岩、礫岩、粘板岩、チャート、凝灰岩、頁岩などが挙げられます。層状になっているのが特徴で、まれに化石が見つかることもあります。ちなみに恐竜などの化石が見つかるのは、ジュラ紀から白亜紀頃の堆積岩層です。

変成岩

　変成岩とは、先の火成岩や堆積岩が地殻変動などに伴って変成作用を受けた岩石のことです。原石の種類と受けた変成作用の性質によって、いくつかに分類されます。

　マグマの貫入に伴う熱によって変成を受けてできたのが接触変成岩（熱変成岩とも）と呼ばれるもので、ホテルのロビーなどで見かける大理石は石灰岩が変成したものです。

　地下の深いところで高温高圧にさらされてできたのは広域変成岩と呼ばれ、その名の通りプレート境界に関連して千kmもの広範囲に分布することもあります。片麻岩や結晶片岩に代表されるように、鉱物が特定方向に並ぶ縞状構造をしているのが特徴です。

　その他に、隕石の落下などによる局所的超高圧で生じる衝撃変成岩などもあるようですが、広範囲にわたっては分布していないようです。

火山灰土

　日本は世界有数の火山国です。世界におよそ1,500あるといわれる活火山のうち、129がこの狭い日本列島にあり、国別では多いほうから数えて4番目だということです。したがって、噴火の時に空中に放出された灰や砂、礫などが落下して堆積した火山灰土の分布も多く、国土面積の約16％を占めているといわれています。

　地域的には、北海道や東北、関東、九州などに、また地形的には洪積台地や山麓緩斜面などを中心に分布しています。噴出源の近くでは粒状のスコリアや軽石などが、遠い地域では風化した赤土が多く、表層は黒ずんだ腐植層となっています。赤土は鉄やアルミの酸化物を含み、保水性が高いという特性があります。

洪積台地とは

　世界の平野には「侵食平野」と「堆積平野」の2種類があります。侵食平野は長い年月をかけて基盤岩盤の表面が風化し、その土壌が厚く覆っている平原です。東ヨーロッパ平原や北アメリカの大平原のように、安定して変動しない陸塊に見られます。

　一方の堆積平野は、削られた土砂などが上流から水で運ばれて堆積した平野のことで、肥沃な土砂・岩石が積もっています。耕地や居住地に適していることから、エジプトやメソポタミアなど古代文明の多くは堆積平野周辺が発祥地となっています。

　またその堆積平野も、約1万年前以降の沖積世になってから形成された沖積平野と、1万年～約260万年前の更新世に形成された洪積台地の2種類があります。

　沖積平野の代表としては扇状地や氾濫原、三角州などが、また洪積台地には平野が隆起して台地となった河岸段丘や海岸段丘などがあります。

原理・原則50―土壌の特性

岩石と土壌②　土壌粒子の違いで路体の転圧効果が変わる

Point

①土壌は粒子の粗さによって①粘土、②シルト、③砂、④礫の4種類に区分けされる。

②粒経によって土壌の特性は大きく変わる。

③現実の森林土壌は様々な粒径が混ざっている。

粒子の粗さによって土壌の特性は変化する

　前節に説明した岩石（火山灰土を入れると4種類）が風化して細かくなると、今度は、①粘土、②シルト、③砂、④礫というように、粒子の粗さによって4種類に区分けされています。出来方や組成は同じであっても、粒子の粗さによって土壌としての特性は大きく変わるのです。細かいものから順に見ていきましょう。

①粘土

　最も細かい粘土は、地質学では粒径3.9μm（0.0039mm）以下と定められていますが、鉱物学では2μm以下、土質力学においては5μm以下というように、なぜか学問のジャンルによって少しずつ異なっています。

　水で捏ねると塊になり、粘性や粘着性、可塑性、低透水性などの性質を持ちます。透水性の低さによって地盤の圧密がとても緩やかに進むことから、構造物を建設して数年を経た後に不等沈下＊することもあるようです。

　また、熱したり焼いたりすると硬くなるという特性があるため、古来より陶器や煉瓦などの材料としても使われてきました。意外なところでは鉛筆の芯やオムツ、化粧品などにも使われているそうです。

　　＊不等沈下：地盤が均等に沈下せずに不揃いに沈下し、結果として傾斜が発生すること。

②シルト

　粘土より少し粗く、粒径が4μm〜60μm（0.06mm・1/16mm）のサイズのものをシルトと呼びます。指の間に入れてこすり合わせてもザラザラ感はなくてヌルッとしてはいますが、粘土に比べると可塑性や粘着性は少なく、水で簡単に洗い落とせます。粒子が粗くなるにしたがって粘土の特性は消えていきますが、粘土とシルトを一緒にして「泥」と呼ばれたりもします。

③砂

　さらに粗く0.06（1/16）mm〜2mmになると砂と呼ばれ、指でこするとザラザラしていて可塑性も粘着性もありません。このサイズになると盛土をしてランマー（締固め用機械）で圧してもほとんど締め固まりません。

　海岸付近で見られる海砂の他に、河川に堆積している川砂や、花崗岩が風化した山砂などがあります。砂で有名な鳥取砂丘は山砂が河川によって海まで運ばれ、それを波が海岸へ打ち上げて堆積したものだそうです。

　山砂の大半は花崗岩が風化したものでマサ土とも呼ばれ、風化が不十分な転石状のコアストーンと呼ばれる岩が埋まっていたりします。全国各地にありますが、とりわけ瀬戸内などに多く、豪雨時には土石流を引き起こしたりする厄介な土壌で路網開設の大敵でもあります。

④礫（れき）

　砂よりもさらに粗く、粒径が2mmを超えると礫と呼ばれます。岩山の裾などには風化した礫が溜まっていたりしますが、泥の混ざっていない状態の礫は圧しても全く締まらず、勾配をつけて盛っても機械が乗った瞬間に崩落することがあるので、特に注意が必要です。そして、さらに大きくなって75mmを超えると、一般的に石と呼ばれています。

現実の土壌は混在している

　以上に述べたように、粒の粗さによって呼び名も性質も変わる「土壌」ですが、現実の山では純粋な粘土やシルト、あるいは礫ばかりという土壌は少なく、多くは様々なサイズの粒子が複雑に混ざり合っています。

異なる地質ー作業道開設が一筋縄でいかない理由

◆地球の内部と陸地の移動

　ここでは、前節までに何度か述べた「地域によって土質が大きく違う理由」について、簡単に説明しておきたいと思います。

　私たちの住む地球は、地表から50km（海洋では約10km）くらいの深さまでは地殻と呼ばれる硬い岩石で覆われており、その下が流動体のマントル、さらに内部は核と呼ばれる金属層だと考えられています。ちょうど温泉卵みたいに殻（固体）の部分と白身（流動体）の部分、そして黄身（核）の部分があるのだと、このように考えていただけたらよいと思います。

　ただ卵と違うのは、殻に相当する地殻が何枚かの固い岩盤に分かれていて、対流するマントル層に乗って各々が年間に数cm程度のスピードで移動している点です。これが1960年代の後半に登場したプレートテクトニクス理論と呼ばれるものです。世界の陸地はゆっくりと移動しているのです。

◆日本列島の生い立ちと付加体

　そしてちょうど日本付近に、ユーラシア・北米・太平洋・フィリピン海の各プレートの境目があります。かつての日本列島は、中世代後半の白亜紀（1億4,500万年前～6,600万年前）頃には西南日本が朝鮮半島付近に、また東北日本は沿海州付近というように、それぞれ離れた場所にあって、大陸に付いていました。その後大陸から離れて移動し、洋上で合体したとされています。

　その衝突の名残がフォッサマグナで、西南日本と東北日本

は今でも押し合っていて、中部山岳地帯の隆起はまだ止まっていません。そしてさらにその後、フィリピン海プレートに乗った伊豆半島・小笠原諸島が南から衝突してきて、現在の日本列島の骨格が形づくられたと、このように考えられています（図3-1）。

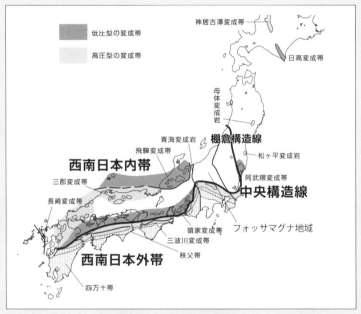

図3-1　日本の地質構造

（出典　斎藤靖二著『日本列島の生い立ちを読む』岩波書店、2007、
　　　　p106、図3を元に作成）

　プレート同士がぶつかり合うと、どちらかが下へ沈み込みます。日本周辺ではユーラシアプレートの下へ太平洋プレートが、さらにその下へフィリピン海プレートが沈み込んでいるのです。下になるプレートが沈み込む際に上のプレートを引きずり込むような力が働いて凹み、細長い海盆ができます。

これがトラフや海溝と呼ばれるものです（トラフも海溝も海底盆地ですが、最深部が6,000m以下をトラフ、以上が海溝と呼ばれます）。

　また、海洋プレートがユーラシアプレートの下へ沈み込む際にはエネルギーが溜まるだけでなく、図3-2のように海底の堆積物がはぎ取られてクサビ状に陸側へ押しつけられて付け加えられていきます。こうしてできた陸地は「付加体」と呼ばれています。現在のところ、日本列島の大部分がこの付加体からなるという見方もあるようです。

　以上のような複雑な歴史を持つ日本列島ですから、地域に

図3-2　付加体

（出典　斎藤靖二著『日本列島の生い立ちを読む』岩波書店、2007、p87、図12を元に作成）
図の①、②……の順で地層が新しい。

よって基岩の質が大きく違うのはご理解いただけると思います。その上に、先にも述べたように多量の火山灰が何度も降り注いでおり、さらにまた、後述するように、地域によっては花崗岩質のマグマが貫入していますから、全国各地の土質が大きく異なるのは容易にご理解いただけるものと思います。

　したがって、その場所の土壌でもって路体を構築しなければならない作業道の開設が一筋縄でいかないことも、おわかりいただけるはずです。

作業道の開設で避けたい地形①
—断層

断層と作業道の開設

　日本列島は火山国であり、また地震の多い国でもありますから、あちこちに断層があります。断層とは、地下の地層や岩盤に強い力が加わって割れ、割れた面に沿ってずれ動き、食い違いが生じたものです。

　そうした断層の中で、第四期（地質時代の年代区分260万年前～現在までの期間）になってから動いた形跡の認められるものを活断層と呼んでいます。

　その断層の中で最大のものが、熊本県から四国を通って紀伊半島を横断し、静岡県から群馬県を通り鹿島灘付近へ抜ける中央構造線です。これは世界でも最大級の大断層で、日本列島が大陸にあった時代にできたものだと考えられています。そして中央構造線を境に西南日本の北側を内帯、南側を外帯と呼んで区別しています。先の図3-1のように、内帯には北から順に飛騨変成帯、三郡変成帯、領家変成帯が、外帯には三波川変成帯、秩父帯、四万十帯などの付加帯に由来する変成帯が横たわっています。

　しかし、それ以外にも断層は全国各地に数多く存在し、名もない細かなものまで入れると、それこそ数え切れないくらいあります。過去に幾度と

なく大小様々な地震に見舞われている日本列島のことですから、これはご納得いただけるだろうと思います。

　先にも書いたように、断層の周りは強い力で横や縦方向へズレ動いていますから、すりつぶされた岩粉などが破砕帯や破砕線を形成しています。

　作業道開設においては、小さな名もない破砕線であっても、高くカットすると割れ目がボロボロと崩れて留まらなくなったり、また水の通り道になっていたりして、始末に負えなくなることがあります。

　断層を見つける方法としては、ウェブサイトの地質図＊から情報を得ることがまず1つ目。2つ目は、山を対岸から遠望視できる場所に限られますが、対岸（向かい側の山）から眺めて、森林の内に成長の著しい列状群や秋なのに妙に緑色の濃い列状群などが見つかれば、そこは断層の可能性があります。

マグマの貫入とマサ土の由来

　地方によっては、近くに火山もないのに火山岩である花崗岩やマサ土が地中から顔を出している場所があります。その多くは、マグマの貫入によるものだと考えられます。

　マグマの貫入とは、地殻を形成する岩石の割れ目や隙間にマグマが入り込んで固まり、火成岩が岩脈状に生じる現象のことです。中国地方から中部地方にかけて、とりわけ瀬戸内にマサ土が多いのは、花崗岩質のマグマが貫入して接触変成岩を生み、母岩が風化してマサ土になったからです。風化しきれなかった花崗岩は、先にも述べたようにコアストーンと呼ばれる転石としてマサ土の中に残っていることがあります。こういう地域では、集中豪雨による表層崩壊や土石流などには特に注意が必要です。

＊20万分の1日本シームレス地質図（産業技術総合研究所 地質調査総合センター）
／地すべり地形分布図デジタルアーカイブ（防災科学技術研究所）

作業道の開設で避けたい地形②─流れ盤

①斜面と同方向の地層の傾きを「流れ盤」と呼ぶ。

②層理面へ染み込む水や樹木の根が崩落の原因となる。

流れ盤と受け盤

作業道の開設において、気をつけなければならないものの1つに「流れ盤」があります。

流れ盤とは、岩盤（堆積岩、火成岩、変成岩等）の地層の傾斜が地形に対して同一方向の場合をいい、逆方向に傾斜しているものを受け盤と呼んで、分けています（図3-3）。

例えば堆積岩は、先にも述べたように砂利や砂、粘土などの岩石風化物や動植物の遺骸などが海底や湖底に運ばれて堆積し、それが固形化したものですから、層状になっています。その層が地殻変動によって褶曲しながら隆起すると、傾いた地層ができます。その傾きが山腹傾斜と同一方向の場合が流れ盤、逆の場合が受け盤です。そして層の均質な構成物である1枚を単層、単層と単層の境界を「層理面」と呼びます。四国徳島の大歩危へ行くと、傾いた地層が肉眼で確認でき、少し移動すると逆に傾いているという褶曲も見て取れます。

流れ盤が要注意なのは、地滑りや崩落などを誘発する点です。写真3-6は流れ盤をカットしたことによって崩れが止まらないケースですが、このように層理面に水や樹木の根が入り込むことでその部分が押し広がって崩れたり、場所によっては崩落や地滑りを起こす危険性もあります。したがって作業道開設においては、流れ盤の斜面を写真のように高くカットするのは禁物です。

　また、地震や異常豪雨時に起きるとされる深層崩壊にも、この流れ盤が
関係しているケースもあるようです。

　受け盤の場合にはその心配
は少ないといえますが、層理
面に直交する深い割れ目があ
ったり破砕線が通っていたり
すると崩れることもあるので、
受け盤だからといって必ずし
も安心だとはいい切れません。

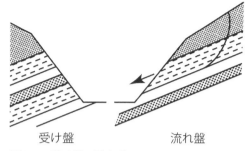

受け盤　　　　　　　　流れ盤

図3-3　受け盤と流れ盤

（出典　湯浅勲・酒井秀夫著
『これだけは必須！ 道づくりの技術の実践ルール』
全国林業改良普及協会、2012からの転載）

写真3-6　層理面から何度も崩れる流れ盤

写真3-7　崩れにくい受け盤

流れ盤の見分け方と対策

　次に、地層の傾いている方向を確認する方法ですが、もしも近くに露頭<ruby>露頭<rt>ろとう</rt></ruby>（崖崩れや林道工事などで山肌が露出している場所）があればそれが参考になりますし、付加体の場合は一般的に北へ向かって流れています。

　しかし長い時間の中で地層は少しずつ動いて褶曲し、場所によって傾きは様々です。極端な場所になると、わずか数mほど移動するだけで傾いている方向が変わっているところもあります。というわけで、地面を掘削せずに流れ盤の向きを確実に正しく見分ける方法というのを、申し訳ありませんが筆者は存じません。踏査をしている中で「何となくここは怪しいぞ」という感覚はあるものの、これを言葉で説明することはできません。

地面の中は面白い

　以上で、作業道を開設するために経験上必要と思われそうな日本列島の地中に関する話を終えます。かなり複雑な内容も含んでいたので「わかりにくい！」と思われた方がおられたかも知れません。

　でも、先にも少し触れたように、ここに書いたすべての内容を理解されなくても大丈夫です。全国各地の土質がバラバラである理由についてザックリと把握しておいてもらえたらそれでよいのです。

　そうすることによって、現場で何かの問題と遭遇したときに思考の幅が広がり、必要に応じて調べ直すことができます。そうしたことを何度も繰り返すうちに、次第にわかってくるのではないかと、このように思うのです。

　でもこれを読んで、「地面の中って面白そうだからもっと学んでみよう」と思われた方がおられたら、その場合は遠慮せず、より深く勉強されることを期待します。

原理・原則53—豪雨の影響

ルートは水の集まる箇所を避ける

Point

① 想定を超える雨では、複数箇所で災害が発生しやすい。

② 水の集まる場所を避けた道は無傷なケースが多い。

③ 自然をなめず、常に真剣勝負の姿勢を。

集中豪雨が頻発する時代の道づくり

　2013（平成25）年の8月に、気象庁はこれまでの「警報」の上に「特別警報」という新たな枠組みをつくり、気象用語の中に盛り込みました。頻発する地震や台風、集中豪雨などに、これまでの「警報」だけでは対処しきれなくなってきたのではないかと思います。また現実問題として、これほど毎年のように豪雨や竜巻などの異常気象に見舞われると「最近の天候はちょっとおかしいぞ！」という肌感覚をお持ちの方も少なくないはずです。

　そこでこの節では、想定を超える雨が降ると山の中はどうなるのか、そして開設した作業道はどのように荒れるのか。2013（平成25）年9月に紀伊半島へ上陸して京都府南部に大雨を降らせたマンニィと呼ばれた「台風18号」の時の写真を掲載しますので、豪雨の現実をご覧いただきたいと思います。

100年ぶりの豪雨の現実

　この時の雨は、筆者の住む京都府中部地域では、ムカデ台風と呼ばれた2004（平成16）年の台風23号を上回りました。京都の景勝地である嵐山の渡月橋が濁流に呑み込まれましたから、京都府の中南部全域に、まさに

100年ぶりといってよい雨が降ったことは間違いないと思います。まずは写真と状況のコメントを紹介しますので、順にご覧ください。

写真3-8　溢れる濁流

写真3-9　侵食された護岸

　写真3-8は、当時の筆者の自宅近くの状況です。堤防を大きく乗り越え溢れる濁流から判断すると、あきらかに河川の排水限度を超えた水が流れています。1カ所がこうなると、他所の橋梁や護岸なども決壊していると考えなければなりません。河川の堤防が1カ所だけ低いなどということはないので、多くの場所が被害に遭っているはずなのです。
　この時は国道の橋梁が落ち、写真3-9のような護岸侵食が何カ所もありました。

写真3-10　山中の小崩落

写真3-11　林道に散らばるゴミ

　水が退いてすぐに山へ行くと、写真3-10のような小崩落が随所に発生し、写真3-11のように林道には小さな横沢から流れ出た流木や岩・礫などが散乱して道の跡形すらも確認できず、ゴミとガレキに埋まっていました。

　このような状況になると、当然ながら写真3-12のように道に暗渠として入れたヒューム管やコルゲート管には流木や根株・土砂などのゴミがギッシリと詰まり、溢れ出た水は写真3-13のように路上をはるか下まで流れ下りました。その結果、路盤の土砂はほとんど洗い流されてしまいました。

写真3-12　詰まったヒューム管

写真3-13　濁流で掘れた道

しかしその一方で、同じ豪雨に見舞われていながら、水の集まる場所を避けて開設した場所は全くの無傷、ほとんど荒れていませんでした。

　写真3-15の右端に白く見える流木は、写真3-11から200mくらい上流ですが、ご覧のようにこちらの道は全く荒れていません。さらに、写真3-14は写真3-15から1,000mほど先の尾根に近い場所ですが、洪水など形跡すら見られません。このように、この時の雨では私たちのつくった道は何ヵ所も傷んだ一方で、全く無傷の場所もあったのです。

写真3-14　無傷の作業道

写真3-15　豪雨の跡形もない道

豪雨から教わったこと

　豪雨の顛末は以上です。100年に1度の大雨とはいえ、自分が踏査して開設した道が何カ所も傷んだのですから、やはり心中は穏やかではなくショックもありました。そこで本気になって原因を調べ、また考えもしました。その結果、崩れた場所や傷んだところには、ある共通性のあることに気づいたのです。

　崩れたり傷んだりしたところは、これほどの雨が降ると予めわかっていたなら、ほとんどが対策を講じることのできた場所ばかりだったのです。

　対策とは「もしもこういうことが起きたら！」を想定して、予め策を講じておくことです。例えば街を歩いていて「もし今ここで地震が起きたら……」とか「乗っている電車が脱線したらどうする？」、あるいは「赤信号を無視して横断歩道へ車が突っ込んできたら……」などと同じように、豪雨を想定して、過去の経験をもとに、排水や道のルートを工夫しておくという、ごく月並みなことです。でもこの月並みが大切なのです。

　言い替えると、まさかそんな雨は降るまいとタカをくくり、対策を怠っていたところが傷んだのです。何年も被害に遭わなかったので少しずつ気が緩んできて、なめていたような意識があったのかも知れません。つまり「油断」していたのです。

　元・防衛施設庁長官の故・佐々淳行氏が「悲観的に備えて楽観的に対処せよ。これが危機管理の鉄則だ」と、このようにテレビで話されていたのを今でも覚えています。結果論ですが、路網開設も全く同じだということをこの台風が悟らせてくれました。自然を侮らずに「まさか」を想定し、真剣勝負のつもりでやることが大切だったのです。もし台風が来なければ今でも油断したままだったかも知れず、少し高くついたけれどもよい勉強をさせてもらいました。

　大雨の現実を正しく知ることは、作業道を開設する場合における原理・原則の大切な1つです。筆者の経験を「他山の石」として学んでいただけたら幸いです。

ルート選定は
山腹崩壊予定地を避ける

① 斜面の安定保持は、土砂の粘着力と摩擦力、樹木の根による緊縛力などによる。

② 多量の水分が土中にしみ込むと、土砂が重くなり、粒子間の隙間が水で満たされて摩擦抵抗が減少し、その結果滑り落ちる。

③ 崩落しやすい地層条件は、豪雨の場合は表土層の厚い斜面や厚さの変化が大きい斜面。

④ 谷頭部付近の集水地形ほど、崩落しやすい。

山腹崩壊のメカニズムと注意点

　この部の冒頭に「彼を知り己を知れば百戦して殆うからず」という孫子の名言を紹介しましたが、山腹崩壊を防ぐという場面でも、まずは崩壊そのものの意味やメカニズムを知らなければなりません。

　山腹崩壊には、突然にして山が崩れる土砂崩れや崖崩れ、あるいは沢抜けなどと呼ばれるものと、1日に数mmから数cm程度の非常にゆっくりとしたスピードで土砂が下方へ移動する地滑りの2種類があります。

　斜面の地層は、引力によって常に傾斜方向へ引っ張られています。したがって土塊が大きいほど、また斜面が急になるほど滑り落ちようとする力も大きくなります。傾斜25度くらいが崩れやすさの1つの目安のようです。斜面の安定を保っているのは土砂の粘着力や摩擦力、樹木の根による緊縛力などです。

　また、崩れる直接の原因は大きく2つあります。1つ目は地震で、大地の揺れによって地中の岩盤の割れ目などから崩れることがあります。

　もう1つは、水です。集中豪雨などによって多量の水分が土中にしみ

込むと、土砂が重くなることに加え、粒子間の隙間が水で満たされる（飽和水状態という）ことによって浮力が発生し、摩擦抵抗が減少して滑り落ちます。地中の岩層や粘土層などの不透水層から上の部分の土砂が滑り落ちるのはこのためです。

山腹崩壊と土石流

　このようにして崩れた土砂が、さらに多量の湧水や表流水を得ると、土砂は完全に流動化して土石流となり、麓の集落などを襲うというケースも最近では珍しくありません。土石流の速さは時速100キロ超えるというデータもあるようですから、避難が遅れると大惨事になることもあります。

　崩落しやすい地層条件としては、地震の場合は不安定な急斜面や岩盤の割れ目などが危険で、豪雨の場合は表土層の厚い斜面や厚さの変化が大きい斜面で、先にも述べたように砂の層も危険です。その上、もしそこに湧き水でもあれば要注意です。

　地形的には、谷頭部付近の集水地形などがそれに該当します。また先に述べた流れ盤にも注意が必要です。そういう場所に、もし写真3-16のようなまとまった根曲がり木でもあれば、そこには赤信号が点滅していると考えてください。そういう箇所には、道を通してはいけません。

　1つの判断ミスが大惨事につながりかねないので、くれぐれも注意を怠らないようにしてください。

写真3-16　根曲がり木は土の動いた痕跡
　　　　　（部分的にまとまった根曲がり木）

沢は暗渠と洗い越しを使い分けて渡る

Point

① 谷川や小河川は、暗渠と洗い越しを使い分ける。

② 責任の取れない場所には、作業道は開設しない。

谷川や小河川は暗渠と洗い越しを使い分ける

先述の写真3-11〜3-12で見ていただいた通り、河川や谷川は、暗渠ではなく洗い越しで渡るほうが無難です。かつてドイツのフォレスターが来日した時に「河川は暗渠で渡れ」という指導をしていましたが、あの方法が集中豪雨などの多い日本の実状に合うとは思えません。ドイツと日本では自然の理が違うことを彼らは知らなかったのだろうと思います。

とはいえ、何が何でも洗い越しがよいのかといえば、実はそれにも筆者は賛成しかねます。車や機械に乗った場合に、洗い越しよりも暗渠のほうがスムーズに走れるので使い勝手は優れています。暗渠の問題点は、根株や丸太などの異物が流れて来て詰まり、道を壊してしまうことです。

したがって、その心配のないところについては、費用面を横に置いて考えるならば暗渠のほうが理に叶っていますし、深くえぐれた水路を横断する場合なども暗渠のほうが合理的だと思います。ただし、集水面積をもとにした水量計算をきちんとして管径を決めるという基本を忘れないこと。経験則ですが、異物さえ流れて来なければ安全率を2倍見ておけば大丈夫だろうと思います。

また、河川や谷川沿いの道は、洪水時に想定される最高水位のラインを少しオーバー気味に見込んで、盛土法面の最下部をその想定水位よりも上

にしておくことを忘れないでください。そうすることによって、まさかの時の道の流亡を防ぐことができます。

責任の取れない場所には作業道は開設しない

　山裾に、民家や学校や病院があったり、真下を鉄道や基幹道などが通っているという森林も珍しくはありません。こうした場合は、開設した道が崩れない自信があったとしても、作業道の開設は控えたほうが賢明です。

　先にも述べたように、いつどこでどんな気象災害が起きるかわからない時代です。先に示した写真どころではない、もっと極端な大雨や地震が、いつ皆様の町や村で発生しないとも限らないのです。そして建物や鉄道の上へ土砂が崩れてきたなら、道の開設と土砂崩れは無関係だという証明ができるでしょうか？　百歩譲って土砂は崩れないにしても、道をつけてしばらくは大雨のたびに濁水が流れて来ます。これらの対策がきちんとできるなら、筆者はお止めしません。でもほとんどの場合に、そういったことはムリだろうと思うのです。「君子危うきに近寄らず」です。

基本設計の誤りは工法ではカバーできない

　このように、道の開設においてルート選定などの基本設計を誤ると、それを工法でカバーするのは難しくなります。もし豪雨が降って山腹が崩れたら取り返しのつかないような施設が下にあるとか、土砂が厚く堆積した急斜面を横切るような設計にしてあると、工事担当者がいかに優秀であっても、工法では補いきれない部分があるのです。

　したがって、企画や設計段階に加え、踏査時の情報収集がとりわけ大切になってきます。これらに手間と労力を惜しんではいけません。これも大切な原理・原則の１つなので、しっかりと肝に銘じておいていただきたいと思います。

路面水は常水のある沢か尾根で排水する

降雨水は道へ注ぎ、道が樋のようになる

　路網の研修会などにおいて「作業道の路面排水は何mおきに設けるのが適切なのか」などという質問をされる方が時々おられます。問われるご本人は真剣なのですが、申し訳ありませんがその問いに対する適切な答えはありません。

　降雨時に路面を流れる水は、道へ直接に降り注いだ雨水だけとは限らないからです。小雨の時に路面を濡らすのは降雨水だけですが、雨が強まると、路面に降る雨よりも上方斜面から流れ込む水のほうが多くなるのです。

　どういうことかというと、道の上方斜面へ降る雨は、小量なら蒸発するか土中へ浸み込みますが、多量に降ると土中へは浸み込みきれず、腐葉土層（A0層）や破砕線などの地下水脈の中をつたって最大傾斜線方向へ流れ下ります。そして、屋根に降った雨が軒下の樋へ集まって流れるのと同じように、水は道へ集まって路上を流れるのです。

　したがって、大雨の時に路面を流れる水の量は、上方斜面の面積などによって大きく変化するのです。そういうわけで、路面排水工も何mに1カ所という基準ではなく、集水面積と道の縦断勾配を考慮して設置しなければならない（次項で述べるように、水のエネルギーは流速の2乗に比例する

ので同量の水でも速く流れるほど洗掘力は大きくなる）のです。とかく軽視されがちな路面排水ですが、少量だからといって注意を怠ってはいけません。

写真3-17（左）・3-18（右）
様々な簡易横断排水溝の例

路面の水は常水のある沢か尾根で排水する

　次に、その路面水を排水する場所ですが、これも下手をすると山腹崩壊を誘発しかねないので、気をつける必要があります。

　山腹斜面に降った雨は、もし道がなければ上述のように腐葉土層（A0層）や土中の水脈を最大傾斜線方向へ流れて沢に集まり、ある程度の水量になったところで谷川となって流れ下ります。常水の流れている沢底は、たいてい岩などの不透水層になっています。

　その、常水が流れ始めるよりも上手の、土砂が厚く堆積している場所へ路網で集めた水を排水したらどうなるでしょうか。もし、その時の土中が折からの雨によって飽和水に近い状態だったとしたら、その上に道で集めた水が加わるわけですから、土砂が自らの重さに耐えきれずに崩れ落ちる可能性は高まります。前項の「山腹崩壊のメカニズム」（172頁）をご理解いただけたならもうおわかりですね。

　このように、それほどの量ではない路面排水であったとしても、排水場所を間違うと、その時の状況次第では山腹崩壊を誘発するおそれがあるのです。筆者はかつて、まさにこの体験をしたことがあります。幸いにも小

規模であって、また直下に家も道路もなかったので事なきを得ましたが「しまった！」と思うと同時に、心が狭かったのでしょう、恥ずかしくてしばらくは誰にも言わずに隠していました。

　では、作業道という樋で集めた水はどこへ排水すればよいのか。答えは常水のある沢か、もしくは尾根です。常水のある沢には岩が露出しているので地中へ浸み込むことはなく、また尖った尾根は排水してもすぐに散ってしまい、やはりこちらもそれほど悪さはしないと思います。よく考えるとご理解いただけるはずです。

災いは忘れた頃にやってくる

　先ほどから、しきりに「100年に1度の大雨」という言葉を連発していますが、大雨が毎年のように降るのなら、変ないい方ですが対策は楽です。しかし100年ぶり（とは限りませんが、人々の記憶が薄れてから）降る大雨だから厄介なのです。大半の人が経験していないばかりか、そのような大雨には無防備な状況がたくさん出来上がっているので、想像もつかないような被害が出る可能性があるのです。

　このことは、大雨だけに限らず、地震や津波などの天変地異や、もしかしたらバブル経済などの社会現象も同様かも知れません。「災いは忘れた頃にやって来る」というのはけだし名言であり、とりわけ、自然を相手に仕事をする私たちのような者にとっては大切な忠告でもありますから、忘れてはなりません。

原理・原則57―水の力

路面を洗掘する水の力は 流速の2乗に比例する

Point

1 集水面積によって路面水の量が変わり、縦断勾配によって流速が変わる。

2 路面を洗掘する水の力は、流速の2乗に比例する。

流れる水のエネルギーは 流速の2乗に比例

　前項で路面排水の間隔の説明に「集水面積と道の縦断勾配を考慮して設置しなければならない」と書きました。その理由は、集水面積によって路面水の量が変わり、縦断勾配によって流速が変わるからです。作業道上を流れる水が路面を洗掘する場合でも、また谷川の水が土砂を押し流す場合においても、エネルギーの強さは水量と流速によって大きく変わるのです。

　高校時代の理科の時間に、移動する物体の持つエネルギーは運動エネルギーで、質量に比例し速さの2乗に比例すると習いましたね。

　つまり、水の流れる速さが同じなら、水量が2倍になるとエネルギーも2倍です。これはわかりやすい話ですね。でも逆に水量が同じでも速さが2倍になると、エネルギーは2の2乗で4倍になるのです。同じ条件で速さが3倍になるとエネルギーは3の2乗で9倍、4倍では何と16倍にもなります（厳密なことを言えば水路を流れる水は流体なので、流れの中心部分と縁では流速が異なり、完全にこの2乗とはならない）。

　そこで話を現実に戻すと、谷川を流れる水は量が増えれば流速も増すことは誰でも知っていますね。水量だけが増えてスピードが同じなどという谷川は見たことがありません。すると先の計算から、水量・速さがともに

2倍になるとエネルギーは元の8倍に、また量が5倍になって流速が3倍になると、エネルギーは元の45倍にもなる計算です。ここまでのことは、豪雨の時に路面を流れる水にもそのまま当てはまります。

さあ、そこで写真3-8（168頁）を思い返してほしいのです。あれほどの豪雨になると1秒間に流れる水量はおそらく普段の1,000倍を超え、流れる速さも10倍以上にはなっているだろうと考えられます。そうすると、流れる水のエネルギーは「1,000倍×10の2乗」ですから、少なくとも普段の10万倍ものエネルギーを持って流れていることになります。高いところから落下する水が滝壺を深く掘るのも、これでうなずけますね。

濁流で流れ転がる大石の破壊力

でも、急流を流れる水は、実はもう1つのエネルギーというかパワーを持っています。その証拠は先に掲載した写真3-11に映っています。ポールを持つ女性の足元に、流木とともに直径30〜50cmくらいの石がいくつも散乱していますね。あの石は、今回の洪水で奥の沢から流れ出てきたものです。

そこで今度は写真3-9をご覧いただきたいのです。洪水でえぐり取られた護岸は現場打ちコンクリートで、厚みは何と1m近くもあります。いかに普段の10万倍のエネルギーを持つ水とはいえ、水だけで厚みが1m近くもあるコンクリート護岸を破壊できるものか、疑問には思われませんか？

筆者も最初は理解に苦しみました。でも大洪水の時に自宅前の護岸に立っていると「カツン、カツン」という、妙に乾いた感じの大きな音が聞こえるのです。最初は「何の音？」と聞き耳を立てていたのですが、濁流の中を流れる大石が護岸のコンクリートや石垣を叩く音だなと、すぐにピンときました。水が退くと、自宅前の川には、洪水前はなかった直径1mに近い花崗岩が、いくつも転がっていました。あの写真3-9の分厚いコンクリートにもこうした大石が次々と当たって叩き割り、それを水が押し流して護岸がえぐり取られたようなのです。

　もうおわかりでしょう。急流を流れる水のもう1つのパワーとは、濁流の中を流れ転がる大石の持つ、硬い岩やコンクリートを叩き割る破壊力のことです。いやはや、水の力とはスゴイものですね。

水を知ることが道づくりの大原理・原則

　次頁の写真3-19をご覧ください。何年か前に長野県の白馬村にある八方尾根スキー場へ行った時にゲレンデから東側の山並みを写したものです。左右に伸びる手前の大きな谷が糸魚川静岡構造線（フォッサマグナ）で、その向こうの山々には、小さな谷や沢がまるでヒダのようにビッシリと並んでいる様子が見て取れます。でもこの景色、それほど珍しいものではありません。富士山や北海道のように降雨水が浸透しやすい火山灰土の堆積している山などを除くと、全国のどこにでも見ることのできる風景です。

　問題は、誰がこれをつくったのかということです。その犯人というか立役者は「水」です。山に張り付いている細かなヒダのすべては、長い長い年月をかけて流水が大地を刻んでつくったのです。山々が隆起するにしたがって水は勢いを増し、先ほど説明したように岩を割り山を削って土砂を押し流し、中流域には土砂や砂を堆積させた扇状地などを、また下流には肥沃な堆積平野をつくり上げたのです。その肥沃な平野で人々は農業を営み、扇状地や洪積台地には果樹を植え、奥地では木を植え狩猟をして、私たちの祖先は生きてきたのです。

　つまり、現在の日本列島の地形は「水」がつくり、我々の祖先はその水の恩恵によって生かされてきたともいえるわけ

です。

　そして、大地は今も活動し続けていますから、これからも水は山肌を削り続けます。これは間違いありません。それが「自然の摂理」です。

　ですから、水を知り、そして水と仲よくすること。これこそが作業道開設の大原理・原則であり、また最大のポイントです。これはとても大切なところなので、脳裏に刻み込んでおいていただきたいと思います。

写真3-19　小さな谷や沢が多い日本の山
地形は「水」によって作られた。

森林の将来像を決めてから作業道を計画する

Point

① まずは森林の将来像（目標林型）を決めること。

② 森林の将来像と作業道は表裏一体の関係。

③ 必ずしも作業道を開設しなければならないわけではない。

森林の将来像を明確にするところからスタート

　道の計画に先だってまず決めなければならないのは「森林の将来像」です。目の前にある森林を何年後にどのような姿にしたいのかという目的が明確にならなければ、作業道の話だけを前へ進めるわけにはいきません。主役はあくまでも樹木の集団である森林なのです。

　森林の将来像が決まると、いつ頃に、どんな車や機械が、どの程度の頻度で通りたいのかなどが明らかになるので、それに応じてルートや道幅、縦断勾配を決め、路盤強度、道と道の適度な間隔というような細かなことを詰めていくと、こういう順序になるのです。

　この場合に、「この山にその道はどう考えてもムリだ」ということが明らかならば，元に戻って森の将来像から考え直さなければならないかも知れません。無理強いは禁物です。箇条書きにしてみると……

　①まずは森林の将来像を決める。

　②①に沿って必要な作業の内容や時期を決める。

　③使いたい機械が分かる。

　④必要となる道の規格が決まる。

⑤使いやすく安全な道が適正コストで開設できるのかを検討する。
⑥⑤がムリなら①へ戻って再検討。

　という流れになります。もちろん、この場合の①は、正木隆著『森づくりの原理・原則』（シリーズ第1弾）の内容に則るのが望ましいのはいうまでもありません。

　この部分が基本設計の根幹となるので、しっかり検討しておかなければなりません。基本設計を誤ると工法ではカバーできないので（175頁参照）、ご注意ください。

作業道以外の集材方法も検討する

　道を開設すると様々な利便性がある反面、費用がかかり、場所によっては豪雨による崩落や流亡などのリスクも発生します。また道が落ち着いて安定するまでの間は、「写真3-23」（187頁）のような切土面の凍てズリや盛土部の沈下が発生することもあるので、メンテナンスが必要となります。

　それらを考慮すると、道よりも架線やヘリコプターによる集材のほうが安全面でもコスト面でも有利だと判断されるような場合も出てきます。そうであるなら、ムリをしてそこに道を開設すべきではありません。

　これらの判断については、視野を広く保ち、柔軟に対応する必要があります。作業道に関する技術者が陥りやすい落とし穴の1つ（概して技術者は頭が硬く、自分の意見にこだわる人が多いように感じます）かも知れないので、注意が必要です。

写真3-20　架線集材の現場
場所によって、安全面、コスト面から柔軟な集材方法の検討が必要。

原理・原則59─幅員

幅員は車幅の1.5倍が目安

Point

① 作業道の必要幅員は車幅の1.5倍、機械幅の1.3倍が目安。

② 時間の経過とともに道幅は狭くなる。

必要幅員は車幅の1.5倍

　前項のようにして森林の将来像を定め、通行する車両や機械が想定できたら、次は道の幅員を決めなければなりません。実はこれについても明確な基準や規格がない（※森林作業道作設指針や作設ガイドラインには山腹傾斜と道幅と使う機械の概略的なことは記載されている）ので、多くの事業体は現場任せで施工されているのではないかと思います。しかしここでは、筆者の経験からたどり着いた考え方を記しておきます。

　現場の条件（土壌条件は幅員に大きく影響する）は、路肩の崩れやすい砂質土ではなく、また幅員の端いっぱいまで使えるコンクリート舗装でもなくて、多少は粘着性を持つ礫混じり土という、ごく一般的な条件下での目安だと考えてください。

　まず車で走行する場合です。車の場合は車幅の1.5倍が最低必要幅員だと考えてこれまで道をつくってきました（ただし、後述する路肩の立木がある場合の話です）。これ以下だと車は走りづらく、また急斜面に開設された道だと危険です。1.5倍ですから、車幅が1.7m以下の2tトラックや4WD車の場合なら道幅は2.5m、車幅が2.2mの4tトラックになると道幅は3.3mがミニマムということになります（※トラックにはワイド仕様やロング仕様があるので、必ずしも1.7m幅や2.2m幅とは限らないことをご注意ください）。

ただし、トラックに材など
を積んで走ると接地圧（次頁
カコミ参照）が高くなるので、
その場合には路盤工が必須と
なります。またハンドルを深
く切ると内輪差が生じるので、
ヘアピンカーブなどは車幅の
２倍程度にまで拡幅しなけれ
ばなりません。

写真3-21　車両が通る場合は車幅の1.5倍が
最小幅員

機械で作業する場合は機械幅の1.3倍が目安

　次は、バックホーをベースとしたハーベスタやプロセッサが作業をする
場合です。この場合も、これから述べる「路肩の立木があるという条件」

で、後方小旋回タイプを使っ
たとしても幅員は機械幅の
1.3倍が必要です。

　また、クローラ型フォワー
ダによる走行でも、やはり
1.3倍、それ以下にするとき
ゅうくつ感を感じます。これ
が安全を確保するための最小
幅員だというのが、筆者のこ
れまでの経験から導き出した
目安です。

写真3-22　クローラ型の機械では1.3倍が
最小幅員

　ただし、これらは道を開設した直後に作業をする場合の数字であって、
開設から時間が経ってから使うというのであれば少し話が変わります。
　構造物を使わない道は路肩が雨で洗われて削れ、山側には切土面からの
凍てズリ土が溜まるので、数年も経つとかなり狭くなります。その場合は
もう一度整備し直すか、初めからその分を見込んでプラスαを確保してお

かなければなりません。これは機械で作業するときだけでなく、車が通行する場合でも同じです。

　そのαが何cmなのかは、斜面の傾斜や切土法面の高さ、また土質によっても変わるので、一概に決めることはできません。

写真3-23　冬期間の凍てズリによって狭くなった道

緩傾斜では道幅を広げて、転回場、駐車場にする

　また、尾根近くや沢筋等の緩傾斜のところでは、予め道幅を決めるのでなく、ヘビがカエルを呑みこんだ時のように局部的に広げておくと便利です。作業ポイントや転回場、駐車場所などとしても使えるので、とても重宝します。補助金の決まりなどがあって難しいのかも知れませんが、やってみたらわかります。とにかく固定概念から脱却し、本当はどうなのだろうという目線で眺めてみてください。

接地圧って何？

　接地圧とは、タイヤや履帯の単位面積当たりに作用している垂直力のことで「kg/cm²（1cm²に何kgの荷重が作用しているか）」や「t/m²（1m²に何tの荷重が作用しているか）」という単位で表します。したがって、必ずしも重い機械の接地圧が高いとは限りません。

　ちょうどよい機会なので、荷物を満載した状態の2tトラックと5tの小型バックホー、ならびに13tの中型バック

※今は国際単位系では
　Pa（パスカル）（1Pa＝1N／m²＝0.102kgf／m²）を使用

ホーで、接地圧を比較してみたいと思います。

表3-1　接地圧の比較

機　　械	面積	接地圧
2t（4t）トラック	20cm 幅× 30cm 長× 6 本＝ 3600c㎡	1.11kg/c㎡
5t の小型バックホー	Y 社 総重量 5.1t　シュー幅 40cm	0.29kg/c㎡
13t の中型バックホー	H 社 総重量 13.2t　シュー幅 50cm	0.42kg/c㎡

※ 70kgの人間が歩く時の接地圧（70kg/200c㎡［片足］）＝約0.35kg/c㎡
　バックホーはカタログ数値による

　いかがでしょう、興味深い結果が出ましたね。荷物を積ん
だ状態の２tトラックが地面に加える圧力は、重い中型バッ
クホーのなんと２倍半に近い値です。先に「トラックは接地
圧が高いので路盤工が必須」と書いた理由は、この点にあり
ます。また、人間が地面を踏みしめる圧力がバックホーに匹
敵するとは驚きです。
　接地圧のついでにもう１つ。盛土部を締め固める時にバッ
クホーの履帯で踏み締められているのを時々目にしますが、
盛り上がった凸部だけには強い圧がかかるものの、路面全体
はあまり締まりません。この点に関してはオペレーターの中
にも勘違いされている方が多いように感じます。凸部を踏み
締めた時は接地面積が狭くなるので強く圧されるため、全面
を強い圧で踏み締めているというふうに勘違いされるのだと
思います。人間の感覚って、意外とアテにならないものなの
かも知れませんね。

原理・原則60－縦断勾配

縦断勾配は安全優先で決める

Point

① 急勾配の道には一長一短がある。

② 最大縦断勾配は、安全を優先して決める。

③ その場排水のために路肩を下げると危険。

④ 縦断勾配を緩くしすぎると、路面水がたまって使いづらい道となる。

使用する機械によって縦断勾配を変化させてきた

　幅員が決まると、それとペアのように考えられている縦断勾配についても決めておかなければなりません。

　基本的には、急勾配にすると山へ上がるのに短い距離で到達でき、また森林内に道を配置する場合の自由度も増します。しかしその一方で、機械や車が滑るので滑落の危険が出てくるし、機械が傾いたまま造材やウィンチ作業を強いられるので、作業の安全や効率にも影響しかねません。また、先に説明した理由により、豪雨時には路面が掘れやすくなります。このように、急勾配の道には一長一短があります。

　ここで、これまで筆者の辿ってきた縦断勾配に関する経緯を述べると、道を開設し始めた当初はよく分からなかったため、当時の作業道の補助基準であった9度(16%)を最大勾配としていました。しかし車が4WDになって機械の性能もアップしたので、それを14度（約25%）にして数年間続けました。その間に100km近くの道を開設したと思います（14度の道ばかりを100kmもつくったという意味ではありませんよ）。

　当時の機械は8tのバックホー（バケット容量0.25m³）に装着したハーベスタと5tバックホー（バケット容量0.16m³）のグラップル、運搬車は2t

積みと４ｔ積みのフルクローラタイプを使っていました。

　その後は最大傾斜を12度（21％強）に下げ、さらに今では10度（18％弱）にして、安全を確保できる直線部分については12度までOKと、このように変化させてきました。

ヒヤリ体験で最大縦断勾配を緩くした

　最大傾斜を緩くした理由は、危険だというのがわかったからです。確かあれは2005（平成17）年頃でした。視察にお見えになったゲスト２人を４WD車の後部座席に乗せて筆者がハンドルを持ち、整備が終わって間もない森林へ向かいました。そして山の頂上まで上がって車を降り、現場の説明を始めたところで、あいにくの雨が降ってきたのです。

　仕方がないので車に乗り込み、坂道を降り始めた時にそれは起こったのです。当時の道は幅員2.5ｍで最大傾斜は14度、尾根付近でもスギが勢いよく成長していましたから土壌は粘土質の赤土です。しかも路面水をその場で排水するという林野庁の指導が正しいかどうか試していた時だったので、路肩を少し下げた片勾配の道だったのです。

　ギアをローレンジに入れてエンジンブレーキを効かせながら下りたのですが、オーバースピードになりそうになって思わずブレーキを踏んだとたん、一瞬にしてタイヤがグリップを失い、あろうことか路肩方向へと斜めに滑り出したのです。「まずい！このまま転落か……」と一瞬は脳裏によぎったのですが、幸いにもスキー好きで雪道に慣れていたためブレーキから足を離すことができたのです。それで何とか車はコントロールを取り戻し、次のカーブを曲がった砂利道のところで止まることができました。ホッとして胸をなで下ろしたのを、まるで昨日のことのように覚えています。

　そのあと、山から戻ってきた現場職員たちの意見を聞いたところ、筆者と似た体験をした者が何人かいたので、これは危険だということになって、それ以降は最大縦断勾配を14度から12度へと緩くしたのです。

その場排水のために路肩を下げると危険

　先のヒヤリ体験から学んだ教訓の1つ目は、路面水をその場で排水するためとはいえ、路肩を下げてはいけないことです。路肩部は盛土しているわけですから、丁寧に締め固めたとしても、時間の経過とともにいくらかは沈下します。したがって完成してから時間が経つと、土質によってはひどく下がって、危険きわまりない状態になる場所が出てこないとも限りません。

　教訓の2つ目は、土質とタイヤの条件です。摩耗したタイヤで、筆者が体験したようなひどく滑る道を走ると、8〜9度（15%前後）の勾配でも滑ることがあります。森林整備が済んで道が開通すると、それを見るために高齢の所有者が軽トラックで山へ入ってこられることがあります。その時にどんなタイヤを履いておられるか、そこまではチェックできません。したがって、最悪を想定して道を開設しておかなければならないのです。費用の都合などで滑り止め路面工が敷けないような場合は、仮に滑ったとしても、谷側へは転落しないような勾配の配慮が必要です。

縦断勾配を緩くしすぎると使い勝手が悪くなる

　しかし、勾配を緩くするのはよいのですが、あまりに緩くなって水平に近づくと、今度は路面にできた轍に水がたまって乾きにくく、土質によってはぬかるみ状態になることがあります。でも排水のために路肩を下げるのは、先のヒヤリ体験から考えて論外です。

　ならばどうするか？　3〜6度（5〜9%）程度の縦断勾配をつけておくことです。そのようにして水を緩やかに誘導し、問題のない場所へ排水するのがベストだと思います。

　勾配を緩くしてぬかるんでも路体が壊れることはないので、つい見落としがちですが、使い勝手という観点から見てよいことは何もありません。些細なことのようですが、これも道づくりの原理・原則の1つです。

作業道での3種類の滑り

　皆さんは、そもそもどういう時に滑るのか、またなぜ滑るのかなどについて考えられたことはあるでしょうか？　筆者の経験からは、作業道に関して滑るものには3つの種類があるように思います。

　1つ目は、スキーやスケートと同じ原理です。スキーやスケートは雪や氷が圧迫されたことによって表面だけが融けて水の膜ができ、その水が潤滑油のような役割を果たして滑ると、このように考えられています（その他にも諸説があるもようです）。

　先の筆者のヒヤリ体験も、これと同じ理屈で滑ったのだと思うのです。固く締まった粘土質の路面が濡れると、水は土中へは染み込まず、表面の1〜2mmほどだけが融けたように弛んでタイヤの溝に詰まり、さらにはその泥が路面とタイヤの間の潤滑膜のような役割を果たして、タイヤはグリップ力を失って滑り出すのです。

　2つ目は、床に転がるパチンコ玉を踏んで滑る時の状態で、ローラースケートも同じ理屈です。滑るというより転がっているのですが、地面と自分の身体との関係で見ると、滑っているのと同じです。これとよく似た現象を山でも体験することがあります。固く締まった路面に、砕石ではなく河原の砂利などを採取して敷くと、玉砂利がパチンコ玉と同じ役割りを果たすことがあるのです。

　3つ目は、硬いもの同士に圧をかけると一気に滑る現象です。例えば金属製のスパイクシューズで鉄板や硬い岩の上に乗ったり、鉄のキャタピラで鉄板の上に乗ると、突然に滑りますね。同じことは、コンクリート舗装とキャタピラの間でも起こります。斜面が緩ければ大丈夫ですが、勾配が15度を大きく超えるような路面に滑り止めのためのコンクリート舗装が施してある場合が要注意です。その上に、ゴムではなく鉄のキャタピラで不用意に乗った時が危ないのです。へたをすると滑落しかねません。気をつける必要があります。

ルート踏査①
道の使用と施工を考えて
踏査する

Point

① 道を使う側、施工する側の両方の立場で踏査する。

② 路網を使う立場：使用する機械、作業内容、効率、安全、将来性を考えて踏査する。

③ 施工する立場：土中の様子を想像し、崩落の危険、また開設費用などを考えて踏査する。

「道を使う側」「施工する側」の両方の立場で踏査する

　森林の将来像を明確にし、通行する車両や機械を想定して幅員や縦断勾配が決まったら、次はいよいよ細かなルート決めになります。ルート決めのポイントは、どういう施業をしたいのでどのあたりに道がほしいという使う側の要望と、その要望どおりに道が開設できるのかという路網を開設する側との調整です。

　通常これは、踏査者が1人で行います。道を使う立場に立ったり施工する立場に立ったりしながら山を踏査して、どちらから見ても納得のいく、ベストのルートを探さなければならないのです。ここで大切なのは，片方に偏った判断をしないことです。

　路網を使う立場としては、どんな機械を使ってどういう作業をしたいのでどこを通れば効率的か、また安全か、そして将来はどうするのかなどというように考えます。もしこれらを判断する自信がなければ、林業機械オペレーターを同行して意見を聞いてもよいと思います。いずれにしても使う立場の希望を聞き入れることが大切です。

　またもう一方の施工する立場としては、山を歩いて得られる様々な情報

から土中の様子を想像し、使う人の要望をどこまで満たせるのかというのが腕の見せどころです。希望のルートを通すと大雨時に崩落する可能性があるとか、すでに土が動いているようなら、やはりそこは避けなければいけません。また開設費用の制約もあり、なかなか一筋縄ではいかないと思います。このようにして、道を使う側と施工する側との調整を、自問自答しながら自分の中で折り合いをつけるのが、踏査という仕事です。

踏査時に用意すべきもの

　踏査で山へ入る時に用意すべきものとしては……

①森林計画図（1/5000縮尺）
②航空写真（モノクロよりもカラーのほうが鮮明）
③地質図（筆者はあまり使っていないが、あれば便利）
④コンベックス（7.5mの2cm幅が便利）
⑤ハンドレベル（いわゆるハンドレベルよりも海外製の傾斜計が便利）
⑥スラントルール（勾配定規）
⑦蛍光テープ（3色・用途によって色を決めておく）
⑧目印用のプラスチック杭（蛍光色）
⑨測量用ポール（2mよりも3mのほうが便利）
⑩カメラ（スマートフォンでもOK）
⑪方位磁石

　以上がルート決めのための踏査の必需品で、あとはナタと飲み物、もし昼をまたぐようならお弁当ということになります。必需品はできるだけ取り出しやすいように大きめのポケットがたくさんついたベストを着るとか、腰ベルトにセットできるようにしておくと便利です。それから飲み物とお弁当、プラスチック杭は背中のリュックということになりますね。人数的には2人が効率的だと思います。時期によってはハチに気をつけなければなりません。

原理・原則62―ルート調査

ルート踏査②
資料から山の特徴を考え、
踏査で細かな情報を収集する

Point

①図面や航空写真などを見て、次に山全体を眺め、山がなぜそのような形状なのかを想像する。

②踏査では五感をフルに活用して山の情報を収集する。

図面や地質図、山の形状等から山の性格を判断

　収集しようとする情報は、その山のすべてです。踏査の目的は「路網を開設しようとする山をより詳しく知るための現場における情報収集」ですから、ありとあらゆる情報を細大もらさず収集しなければなりません。

　とはいえ、ここから先のやり方にセオリーはなく、踏査者によってかなり違うので、以下は筆者の行ってきた方法だと理解してお読みください。その中から、踏査の原理・原則をつかみ取っていただけたら幸いです。

　筆者の場合は、まず図面や航空写真などを見て、次に山全体を眺め、どういう理由でその山が眼前にそのような形状でそびえているのか、それを想像します。

　一例を挙げると、火山でない山は、全体的に隆起しながら何度も地震や大雨で崩れたり削れたりして、残ったところが尾根筋となって今も存在しているわけです。また幾度となく火山灰が降り積もっているでしょうから、もし稜線が滑らかであれば、その場所には火山灰土が堆積したまま残っている可能性があるかも……などと想像していくのです。もし稜線付近でもスギやヒノキが勢いよく育っているようなら、そこは火山灰が風化した粘

土質の赤土土壌の可能性が高いと思われます。

　また中腹は、上から崩れてきた土砂が堆積しては崩れ、それを何度も繰り返しているのが通例です。もし台地状の緩傾斜地でもあれば、遥か昔の河岸段丘の名残である可能性もあります。そして裾野まで下りると、たいてい細かな土砂が堆積していますが、谷川に面している斜面は川に侵食されて急傾斜になっているところが多く、水辺に近づくと岩が露出しているかも知れません。

　このように、図面やその山の全体像からザックリと歴史や中身を想像し、山の性格や特徴を見抜こうというのが筆者の行っている方法です。

山中を歩いて細かな情報まですべて収集する

　次に、林内の道のつけられそうな場所全体を歩き、勾配の変化や昔の崩落跡を見つけたり、岩・礫の露出具合や岩質、湧き水の痕跡、土の湿り具合、樹木や草類の種類と成長具合、立木の幹の曲がり具合、足裏に感じる地表の柔らかさなどを調べて行きます。

　山の場合、その部分がそうなっているのには、必ずそれなりの理由があります。気まぐれで山の斜面が凹んでいたり盛り上がっていたり、あるいは意味なく異なった種類の岩が露出するようなことは絶対にありません。また露頭があれば、土質や流れ盤の有無を直接に確認できるかも知れず、これを見逃す手はありません。

　そのようにして林内の土中情報を収集して（完璧には分かりませんよ）、使う側の要望に応えるルートを探すのです。そうすると、山全体が把握できた時点で、自然と頭の中に路線図が出来上がっています。経験を重ねるうちに、いつの頃からかそうなったのです。ここまで来ると、あとは通る場所を中心に測量しながら現地に印を残していくのみです。とはいえ、費用の細かいところまでは測量をして見積もってみなければ何ともいえません。

　どうして頭の中に路線図が出来上がっているのか、この感覚を言葉にするのは難しいのですが、強いていえば魚河岸の人が魚を見た瞬間に「美味

い・不味い」が判断できたり、ベテラン漁師が海の色を見ただけで魚が捕れるかどうか分かるのに近い感覚ではないかと思います。だから特別なことではなく、これまで紹介した内容をある程度理解して何年間か真剣に取り組むと、誰でもそうなるのではないかと思います。

　踏査の要点を一言でまとめると、本章の冒頭に書いた「彼を知り己を知れば百戦して殆うからず」のうちの、まさに「彼を知る＝敵を知る」部分に相当するのが踏査です。ゆえに、くれぐれも疎かにしてはなりません。

敵を知るための様々な方法

　本項の文中に「踏査のやり方にセオリーはなく、踏査者によってかなり違うので、以下は筆者の行ってきた方法だと理解して云々……」という断りを入れました。読者の皆様の中には「その通り、自分の方法とは大きく違う」と思われた方がいらっしゃるかも知れません。

　そこで、そういう方々のために、他の踏査方法を解説した本を217頁にピックアップしておきます。こちらも併せて読まれることで、道づくりの原理・原則がより鮮明になるかも知れません。ご一読いただけたらと思います。

ルート踏査③
踏査は日を変えて2度以上行う

1. 日を変えて2度以上の踏査をすると安心。

2. 自信がない時は、諦める勇気を持つ。

3. 路線の配置計画には、山土場を確保しておく。

踏査は日を変えて2度以上行う

　資料から現地情報を収集し、その上で踏査をして調べても、問題のないルートだけを通って設計できるケースはまれで、かなりキビシイ場所を通らなければならないことのほうが多いのが現実です。

　そこでお薦めしたいのは、まず1つ目として、慣れるまでの間は1度の踏査で決めてしまわないことです。人間は誰でも感情の起伏というのがあり、積極的な気持ちになれる日とそうでない日があります。また疲れてくると、どうしても判断が鈍りがちになります。そうすると判断に狂いが生じます。これに対しては、晴れた日と雨上がりの日であるとか、午前の日と午後の日というように、日を変えて2度以上の踏査をしてから最終判断をするのがよいと思います。条件を変えると違う情報が収集できるかも知れず、これだけで大きな判断ミスはかなり減らせるはずです。

諦める勇気を持つこと

　2つ目は、必要だと思ったら躊躇せずに構造物を使うことを考え、それでも開設する自信がないときは、そのルートは諦めることです。ムリをして危険な道をつくるのは愚か者のすることで、止めるのが本当の勇気です。

　何が何でも道を開設しなければ……という強い熱意はもちろん大切なのですが、これに心が囚われてしまうと、大切なところで判断を間違えてし

まいます。この時のコツは、心の力を抜いて力まないこと、自然体で対応することだと思います。

山土場の確保を忘れるな

このようにして路線の配置計画ができたら、最後にもう1つ忘れてはならない大切なことがあります。それは、山土場を確保しておくことです。

山土場を設置する時の注意点としては、フォワーダが山から搬出してきた材を選別しながら下ろしていても、トラックが荷積みできることです。どちらかしかできないようだと、必ずそこに手待ちができるので、気をつけなければいけません。

写真3-24　路線の配置計画の段階で山土場を確保しておくことが大切

2度のチェックで不良品激減の理由

踏査を2度行う意味は、工場での検査工程を考えるとわかりやすいと思います。工場で出来上がった製品の不良品チェックをする時に、検査員のチェック見逃し確率が1%だとしたら、チェック後でも100個中に1個の確率で不良品が混じっていることになります。

しかしそれを、同じ見逃し確率の人が再チェックしたら「1%×1%＝0.01%」という計算になり、不良品の確率は100個中に1個から10,000個中に1個へと激減するのです。

このことは、道のルート決めにもそのまま当てはまります。2回目に山へ行った時、「前回の踏査時は何を見ていたのだろう?」という経験は筆者にも何度かあります。先にも述べたように、2度目の踏査は1度目と違う状況の時に行うこと。そうすると、かなりの確率で判断ミスを減らすことができます。

施工①
切土は低いほどよい

土木の常識では考えられない垂直切土

　林道などの土木工事では、斜面をカットする時には勾配をつけるのが常識となっており、垂直の切土面を見たことはありません。当然ながら一般道路などの切土面も同様で、すべて勾配をつけてカットしてあります。

　ところが作業道の開設においては、低いカットであれば垂直でも大丈夫だという人が現れ、やがて垂直にすると雨滴が直接当たらないので崩れにくいというまことしやかな話まで出てきて、今では切土面を垂直にされている事業体は少なくないと思います。この話、本当はどうなのか、よい機会なので原理・原則という観点から考えてみたいと思います。

　「カット面は垂直がよい」と最初に言い出されたのは、大橋慶三郎さんではなかったでしょうか。ただし、「高さは1.4m以下、その程度なら土圧も小さく、樹木の根が土を支持してくれるので大丈夫」と、このように大橋さんの本に書かれていた記憶があります。

　その後、「2mまでなら直切りで大丈夫」と書いてある資料があったので、とりあえず筆者は試してみました。それから半年余りの時間をかけて、2m以下の垂直切土の道を10kmほどつくりました。次の写真3-25はそのうちの1カ所です。開設から5年後に写したものですが、これで大丈夫といえるのかどうか、判定は皆様方にお願いします。

写真3-25　崩れが止まらない2m直切りの道

垂直切りは（土質によるが）低いほど安心

　「ルート踏査」（195頁）に述べたので繰り返しになりますが、大地が隆起しながら山になり、何度も崩れて残ったところが尾根筋です。そして中腹や裾野は、上から崩れてきた土砂が堆積しています。

　そうすると、上から崩れてきて堆積しているその場所の傾斜は、土砂が傾斜方向へ引っ張られる力と、土砂自身の粘着力・摩擦力との調和がとれて落ち着いている勾配だと、このように考えることができます。その上に樹木が生えて根を張り、土砂を抱きかかえて支持しているわけです。

　その斜面を、道を通すために垂直にカットしたら……。斜面に堆積している土砂は足元をすくわれたように不安定な状態になりますから、留めようとする土砂の粘着力・摩擦力と根の支持力に対し、土砂を傾斜方向へ引っ張ろうとする力が上回ると、切土面は崩れてしまいます。

　そこで1.4mの直切り説ですが、写真3-25でも根の最深部から下の部分だけがえぐれていることから、なるほどこの山でも1.4mくらいまでなら垂直にカットしても根の支持力で保っていてくれそうに見えますね。

　しかし山を掘ると、全く粘着力のない土砂（泥のほとんど混じっていない

礫や砂など）が出てくることがあります。こういう場所では根があろうが
なかろうが、ボロボロと崩れて樹木まで倒れることもあります。また根の
深さも、樹種による違いももちろんありますが、土壌の状況によっても左
右されるのが現実です。

　以上から「垂直切りで大丈夫な高さは土質で左右されるものの、低けれ
ば低いほど崩れにくく、高くなるにしたがって崩れやすくなる。その分岐
点は概ね1.4mである」と、大橋慶三郎さんはこのように判断されて本に
書かれたのではないかと、筆者は勝手に考えています。

　そして、運よく崩れずに何年か経って写真3-26(開設してから約20年)の
ようになると、樹木の根がしっかり太って土砂を支えてくれるので、もう
ひどく崩れる心配は減ります。

写真3-26　切土面の土を留めるスギの根

切土が高くなる時は土留工を入れる

　では今度は、急斜面を通過する時のように切土面を高くカットしなけれ
ばならない場合はどうなのでしょうか？　実はその場合も、土質が大きく
影響します。上からの崩落土砂が堆積した場所でなく、写真3-28の先に
見えるような岩質（削れ残った部分）なら、しかも流れ盤や断層（破砕線）で
なければ、少しくらい高くカットしても大丈夫な場合が多いと思います。

とはいえ、やはり3分くらいの勾配をつけてカットしたほうが安心ですね。

　でも、運悪く土砂が厚く堆積した斜面なら、そういう場所を高く垂直に
カットしてしまうとエライ目に遭います。その場合は6～8分くらいの傾
斜をつけてカット（切土面は長くなります）し、それでも崩れそうなら写真
3-27、3-28のように土留めのための構造物を使うより他に手はありませ
ん。ちなみに、写真3-28のフトンカゴで土留めをしてある場所は断層で、
ボロボロに砕けた岩であるばかりか、湧き水もありました。こうしたこと
を事前に知るためにも、しっかりとした「踏査」が大切なのです。

写真3-27　丸太組みによる切土面留め

写真3-28　フトンカゴによる切土面留め

施工②
盛土は小まめに締め固める

重量物の通行に耐えられる帯状の水平地をつくる

「山の斜面をカット（切土）して、その土を撒き（盛土）出し、幅2.5〜3.5m程度の、重量物の通行に耐えられる帯状の水平地（路面）をつくる」これが、作業道の開設工事です。

したがって、盛土はとても大切です。安全性に関するところ（149頁）でも触れたように、盛土が崩れると機械が転落して大事故につながりかねず、特別に注意を払う必要があります。使う予定の機械の荷重に耐えられるだけの強度を持った盛土部分をつくらなければいけないのです。

締め固まる土壌の条件－適度の含水率

とはいうものの、上から押さえると固く締まる土がある一方で、そうではない土もあります。この違いはどこにあるのか、まずその点から考えてみたいと思います。これには、土の湿り気と土粒子のサイズという、この2つにカギがあります。

まず湿り気から見ていきましょう。これは、海水浴に行った時のことを思い出していただくとよくわかります。砂浜の砂はギラギラと照りつける太陽に晒されてサラサラに乾いており、手に取って丸めても全く固まりません。しかしこの砂浜を手で掘って下のほうの湿った砂を握ると、簡単に

団子状に丸めることができます。でもこの団子も、陽に晒してしばらく置くと、やがて乾いて元のサラサラに戻ってしまいます。

　一方で、固まった団子状態の砂をそのまま水に浸けると、今度は溶けたように跡形もなく流れ崩れてしまいます。砂粒の間に多量の水が入り込んで表面張力が弛み、砂粒はバラバラになってしまうのです。このように砂は、全く水分を含まないと固まらず、適度に湿ると表面張力によるわずかな粘着性が働いて固まり、多量の水に浸されると再び崩れてしまうことがわかります。砂浜に例えましたが、土壌についても同じようなことが言えます。

粒子の粗さによって固まり方が違う

　締め固まるかどうかの2つ目の要因は、土壌粒子の粗さによる差です。今度は砂でなく、最も細かい粘土で見てみましょう。

　粘土に適量の水を加えると錬り土になり、思った通りの形に成形すること（この性質が可塑性です）ができます。その塊を水中に浸けても砂のようにすぐには分解しませんが、長い長い時間を放っておくと、徐々に粒子が分散し、やがて塊ではなくなります。この点に関しては時間の違いがあるだけで、砂とよく似ています。

　しかし、成形した錬り土を乾かすと、砂のように崩れず、縮んで硬く固まってしまいます。この点が砂と粘土の大きな違いです。粘土は粒子が細かく隙間も小さいので内部まで完全には乾ききらず、粘着力（粘り気）が増すようなのです。粒子が細かいほど、また粒子間が密になればなるほど安定した塊になります。そのことは、昔から日干しレンガがつくられていたことからも頷けると思います。

　このように、土は適度な湿り気の時に締め固まるとはいえ、粒子の粗さによって、効果や乾いた時の様子に大きな違いが見られます。これが、盛土の締め固めに関する原理・原則です。

　しかし、ここまでに何度か述べてきたように、実際の作業道開設現場の土壌には様々なサイズの粒子が混在しており、これを現場でいちいち分類

するわけにはいきません。したがって、現場技術者が経験則を積み重ねて判断能力を高め、その場所の状況に応じた施工が行えるようにするより他に手はありません。

　その時に、ただ経験則のみに頼るのではなく、やはり原理・原則をきちんと理解して、その上に経験則を加味することが大切です。そのほうが、より速やかに深い知見へと到達することは間違いないと思います。

盛土は少しずつ小まめに締め固める

　実際に締め固める時の注意点として、盛土を上から押さえた時にどのように力が地中へ伝わるのかについても考えておきたいと思います。

　まず中学時代の理科で習った「パスカルの原理」を思い出してほしいのです。「密閉容器中の流体は一点に受けた圧力をそのままの強さで他のすべての部分に伝える」がパスカルの原理でしたね。

　次に、前述した「接地圧」（187頁のコラム）を思い返してみてください。単位面積当たりに作用している垂直力が接地圧でしたから、重い物体でも、接地面積が広いと接地圧は小さかったですね。

　さあ、それらを踏まえて、盛土を締め固めるために上から力を加えたら、その力はどのように地中へ作用するのかを考えてみましょう。土壌は液体ではないけれども、鉄や木材のような完全な固体でもありません。その土壌のある部分を上から押さえつけたらどうなるか？　大ざっぱにいうと、押さえつけられた力は地中へ放射状に広がって伝わり、接地圧と同じ理由で次第に小さくなって、やがて土壌の摩擦に吸収されて消えてしまいます。このように、液体でも固体でもない森林土壌の表面に加えられた力は、それほど深くまでは伝わらないのです。このことは食パンを上から指で押してみるとよく分かります。

　したがって、撒いた土砂をしっかりと締め固めたければ、盛土をするたびに小まめに締め固めながら積み上げていくしか方法がないのです。「林野庁長官通知・森林作業道作設指針」には、30cm程度の層ごとに締め固める旨が記されていますが、小まめに締め固めるほど効果的です。

　それを無視して、土砂を厚く盛ってから一気に押さえても、力は下まで伝わらず、底のほうは土砂の隙間に細かな空気孔がたくさん残ってフカフカのままです。そうすると、浸み込む降雨水とともに泥も流れ込むので、盛土部はその空気孔に浸み込んだ泥の分だけ自然に縮んで沈下してしまいます。これが締め固め不足による沈下の主な原因だといってよいでしょう。

施工③
盛土の安定勾配は土質で決まる

盛土は地山の土壌を露出させてから盛り始める

　盛土の順序は、まず斜面の落ち葉や腐植層を取り除き、地山の土壌を露出させます。そして盛り始め部分にバケットの背面で盛土の基礎部分をつくり、その上に山側から切り取った土砂を30cmほど撒いて、前述した「施工②」（204頁）のように小まめにバケットの背面で締め固めながら盛土を重ねていきます。

　その時に、地山を階段状にカット（段切り*）してから土砂を撒くように書かれた書物もありますが、筆者はこれまで1度もそれを行ったことがありません。30年近くかけて300km以上もの道を開設し、「作業道の開設で避けたい地形—流れ盤」（164頁）の項にも書いたように何度も豪雨に見舞われましたが、地山と盛土の境目から土砂が滑ったことは皆無です。したがって、少なくとも筆者の住む地域では段切りは無駄手間だと考えています。とはいえ、全国各地にはその必要のある場所がないとはいい切れないので、必要だと思われる方は段切りをされたらよいのではないかと、このように思います。

　　＊段切り：盛土の滑り出し防止を目的に、地山を階段状に切り、そこに土を盛り立て、締固めを行い、この作業を繰り返して盛土する方法。

仕上げ勾配は土質から判断する

　問題は、法面の仕上げ勾配です。前述の「林野庁長官通知・森林作業道作設指針」（146頁）には「盛土のり面勾配は（中略）概ね1割より緩い勾配とする。盛土高が2mを超える場合は1割2分程度の勾配とする」と書いてあります。このように、高さで勾配を調整するのも1つの考え方ではあります。

　でも本来なら（判断できる技術者がいるなら）土質を優先するのが原則でしょうね。筆者なら「礫混じりの粘土質であれば1m程度の高さまで1割でも可、それ以外は1割2分（約40度）をキープ」というように書きますね。そして「砂質土の場合は1割3〜4分くらいの勾配にして、表面の流亡対策として緑化を施す」という文言を付け加えます。

　山の中には土砂が厚く堆積した40度を超える斜面は少なく、またこれまでに1割勾配の道をずいぶんとつくってきましたが、やはり1割では年月を経ると泥が少しずつ流れて盛肩が痩せる場所が多いのが現実です。経験則ですが、1割2分という勾配は絶妙な角度だと感心します。

　また、砂を締め固めても豪雨に遭うと表面から流されてしまいますが、緑化によって表面が覆われると雨滴が直接に当たらないだけでなく、盛土部が常に湿り気を帯びることにもなります。このように、緑化が砂法面の流亡を防いでくれる効果も大きいといえるでしょう。

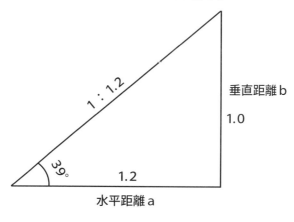

図3-4　1割2分勾配

施工④
路肩の立木が道を強固にし、
通行の安全性を高める

Point

① 路肩の立木を活かして道を強固にする。

② 路肩の立木を有効に使って安全走行。

③ 広い伐開幅は百害あって一利なし。

路肩の立木が路盤を強固にし、走行時の安全を守る

　一般の道路には、車両や乗員の安全対策として「盛土や崖、擁壁、海、川、水路などに面した場所にはガードレールなどの防止策を設けなさい」という道路局長通達が出されているそうです。また、いつの頃からか林道にもガードレールを見かけるようになりました。

　ところが作業道においては、写真3-29に見るように、明らかに危険な山腹の狭い（先述のように機械幅の1.3倍程度の）道を、木材を満載したフォワーダやトラックが走っているにもかかわらず、転落防止策の話を聞いたことすらありません。林業関係者として何らかの自衛策を講じなければいけないのは、どう考えても自明のはずです。しかし、作業道にガードレールを取り付けるだけの費用を捻出することなど、とてもできる話ではありません。

　そこで考えられるのが、下の写真3-30、写真3-31のよ

写真3-29　急斜面を走るフォワーダ

うに、盛土の頂点、つまり路肩部分に立木を残しておく方法です。

　このように、路肩に立木を残すことによって、まず第1に走行時の転落防止（ガードレールの代わりはしないものの、効果は大きい）になり、走行時の安心感も生まれます。

　さらには、次の写真3-32のように土に埋まった幹から根が出て（特にスギが顕著）太り、やがて盛土の中に張り巡らされます。そうなると盛土部分が補強される上に、年とともに堅固にもなります。

写真3-30（左）・写真3-31（右）
転落防止と路肩の強化に効果を発揮する路肩の立木

　また、路肩の木は走行安全や路盤強化に役立つだけでなく、伐開幅を狭くすることでもあるので、路面に陽が当たりにくくなって雑草の繁茂を抑える効果もあります。大橋慶三郎さんの著書では、「広い伐開幅は百害あって一利なし」と書いておられますが、筆者もほぼ同意見です。路肩の立木を伐るメリットとして考えられるのは、開設工事がしやすいというその1点だけではないでしょうか。

　以上が、筆者が経験から得た盛土に関する知見です。ご理解いただいた上で、参考にしていただけたら幸いです。

写真3-32
幹を埋めて3カ月のスギから根が出てきている

施工⑤
路盤工で荷重を分散する

Point

1 ドイツ人から学んだ日本人の知恵・凸型の路面。

2 路盤工の目的は荷重分散と滑り止めにある。

3 各種の路盤工を現場に合わせて使い分ける。

路面形状のベストを試してみた

　185頁に、道の幅員は通行する機械や車両の1.3〜1.5倍程度が1つの目安だと、このように述べました。そうすると、機械や車はいつも同じ場所を踏み締めて通行することになります。その結果、踏み締められた場所はしだいに沈下して凹み、路面へ降った雨水がその凹みへ集まって流れるようになるので、凹みは次第に洗掘されて深くなり、しまいには通行できなくなる場所が出てきます。

　これには筆者もほとほと困り、考えあぐねた末に、山側を下げたり谷側を下げたりして（先述のようにこれでヒヤリ体験をしたのです）、いろいろ試したものの、いずれも問題アリで、頭を悩ませていました。それにヒントを与えてくれたのが、「森林・林業再生プラン」の時にドイツから指導にやってきたフォレスターです。路面を凸型にしろというのです。

　例によって早速試してみたところ、効果は上々でした。明らかに轍になりにくかったのです。その後、高松市にある有名な栗林公園を訪ねた時にふと気づくと園内の道は、写真3-33のようにカマボコ型だったし、伊勢神宮へお参りした時の参拝道も同じようにカマボコ型でした。いずれも小雨でしたが道はぬかるんでおらず、また水たまりもなく、傘さえさしていれば普通の靴で難なく歩くことができました。昔の日本人の知恵を、あろうことか外国人から学ぶとは、少し複雑な気分でした。

写真3-33 高松市の栗林公園遊歩道

写真3-34 カマボコ型に成型した路網

路盤工で通行を確保する

　しかし、路面をカマボコ型にしようがどうしようが、歩くだけで凹むようなぬかるんだ土質が出る場所も山の中にはあります。そういう場所に遭遇すると、荷重を分散させて通行を確保するための「路盤工」が必要になってきます。

　また、急勾配にせざるを得ない場所なのに路面が滑りやすいというような場合もありますから、これにも滑り止め防止のための路面工が必要です。

　このように、路盤工は「荷重分散」と「滑り止め」という、大きく2つの目的で使うのが一般的です。

　路盤工には様々な方法があるものの、路網に使うことができるのはコンクリート舗装、鉄板敷設、砕石や現場採取の岩砕敷設、丸太組み工、そしてそれらの組み合わせ等々ではないかと思います。

写真3-35 軟弱地の丸太組み路盤工

表3-2　各種路盤工の比較

	荷重分散効果	滑り止め効果	耐久性	施工価格
コンクリート舗装	◎	◎	◎	×
鉄板敷設	◎	×	―	△
購入砕石敷設	△	○	▲	△
現場採取岩砕	○	○	△	○
丸太組み路盤工	○	▲	△	○
丸太＋岩砕・砕石	◎	○	○	△

※◎適、○普通、△一部適、▲場合によっては適、×不適、―（鉄板敷設は一時的なもの）

　表3-2は、6種類の路盤工を筆者が勝手に採点したものです。しかし砕石や岩砕は敷設厚によって効果や耐久性に大きな差が出ますし、また現場によっては岩砕のない山もあり、さらには湧水のあるなしによっても対策はかなり異なってきます。したがって、ここに載せた採点が絶対的なものだとは考えないでください。

　また、この手のものには必ず一長一短があります。各種路盤工の長短をよく見極めて、現場の状況に合わせて使うことも検討すべきです。最初から「あれが悪い、これがよい」というようにレッテルを貼る方がおられますが、それはあまり賢明な考え方とは思えません。

原理・原則69―丸太組み

施工⑥　丸太組み
―腐ることを前提に設置する

丸太組みは腐ることを前提にして設置する

　筆者の記憶が正しければ、この丸太組み工法も大橋慶三郎さんが最初に世間に紹介されたものではなかったでしょうか。それが少しずつ広がり、今ではほぼ全国各地で使われています。材価が安い状況の中で、現場採取の間伐材を活かして作業道を開設するという発想は素晴らしいと思います。

　ところが、どこでどう勘違いされたのか、丸太を高く急勾配に積んでおられるケースをよく目にします。露天にさらした丸太は腐りますから、それを考えた使い方をしておかないと、何年か後に機械が乗ったとたんに崩落……などということにもなりかねません。

　そこで、丸太組み工法の原理・原則について、改めて整理しておきたいと思います。まずは写真3-36をご覧ください。これが、高く急勾配に積み上げられた丸太組み

写真3-36　高く急勾配に積まれた丸太組み

の典型です。10年後にはどうなっているか、考えるまでもないと思います。スギやヒノキの丸太が腐らないとでも考えておられるのか、それとも今だけ通れたらよいという考え方なのか、いずれにしても首をかしげざるを得ません。

　露天にさらした木材は、スギの若木だと5〜10年くらいで心材まで腐るのに対し、なんと奈良の法隆寺には、1200年もの昔に建てられた木造建築物が残っていると聞きます。また、土中からは奈良時代の木簡が出土したというニュースを耳にすることもあります。このように木材は、露天にさらしたままだと朽ちるのに対し、乾燥させたり水や泥の中に浸して空気を遮断しておくと、信じられないくらい長持ちするようなのです。これは皆様方もご存じだと思うのです。

　ところが写真3-36では、乾燥も空気遮断もできないのを承知の上で、腐ったら困る場所に使われています。このような組み方では、先に説明した木の根に取って代わられることもできず、丸太が腐れば路体もろとも崩れるしかありません。

丸太組みは急勾配に高く積んではいけない

　では、丸太を盛土のどこにどう組むべきなのでしょうか。大橋慶三郎さんの著書には、「のり面の最下部に最初の丸太を確実に地山へ埋め込んで水平に設置し、そこから5分程度の勾配をつけて積み上げ、最大でも1.4m以下の高さに抑える」と、このような書き方をされています。そうしてから、先に説明した盛土の要領で1割2分(約40度)の勾配をつけて盛り上げていくと、丸太はこぼれた土でほぼ隠れてしまいます。こうすると、丸太が腐っても盛土部の安定勾配はほぼ確保されていますし、盛土の途中に残された立木の幹から根が出て太り、盛土部分の強度は増します。

　このように丸太組み工法は、便利でとても素晴らしい発想ではありますが、永久構造物ではないのでメンテナンスしながら、自然界の原理・原則に則って使用をするように心がけてください。

丸太組みで切土法面を留める時の注意点

　また、写真3-37のように、丸太組みは切土法面の崩れ留めにも効果的です。この場合も、盛土法面の下に設置する時と同じように、丸太自体の剛性でもっていつまでも土砂を留めようとするものではなく、また5分程度の傾斜をつけた上で、1.5mくらいまでの高さが、原理・原則であることを忘れないでください。

　それから、切土面ゆえに注意をしなければいけない点があります。それは、山の斜面をカットした時に地下水脈を切っていないかという点です。土中には、様々な形で水の流れる水脈があります。もしそれを切っていたとしたら、豪雨時にはそこから水が噴き出ます。その吹き出し口を丸太組みで塞いでしまっていたら、丸太組みの裏に水が溜まって土砂が液状化し、丸太組みもろとも押し出されてしまうことがあります。もし切土面に水脈を見つけたら、水通しのよい礫で埋め戻すか、あるいは横丸太の脇に直径50mmくらいのプラスチック製浸透管を埋めておくことで排水することができます。そして、前掲した写真3-32のような太い根が切土面を抱きかかえるように覆ってくると、もうしめたものです。崩れてくることは考えにくいと思います。

　なお、丸太組み工法の具体的な設置方法などについては、次に紹介する大橋慶三郎さんの著書*にカラー写真とともに詳しく載っていますので、そちらを参考にしてより深く学んでいただけたら幸いです。

写真3-37　切土法面の丸太組み

* 大橋慶三郎著『写真解説　山の見方　木の見方』、
大橋慶三郎著『作業道 路網計画とルート選定』、
大橋慶三郎+岡橋清元共著『写真図解　作業道づくり』ほか
（発行：いずれも全国林業改良普及協会）

ヘアピンカーブ①
緩傾斜の尾根につくる

Point

1. 車が走れない道は、メンテナンスがおざなりになる。

2. ヘアピンカーブの施工では、切・盛土高さの調整が必要。

3. 急傾斜でも25度以下の尾根につくる。

車が走れないとメンテナンスもおざなりになる

　これまでに筆者が各地を見てきた限り、森林作業道において4WDの見回り車が安全に走行できるようなヘアピンカーブをつくっておられた事業体さんは皆無とは言いませんが、ほとんどなかったように記憶しています。平坦な場所ならともかく、少し勾配のある場所での方向転換はスイッチバックが大半で、とりあえず今だけ材を出すための集材路のような印象の道が圧倒的に多かったように感じます。せっかく費用をかけ、国や県の補助金までもらった道なのに、

写真3-38　尾根のヘアピンカーブ

スイッチバックでは車が走れずメンテナンスもおざなりになることは明白です。もったいないことこの上ないと思います。

ヘアピンカーブの施工には切・盛土高さの調整が必要

　ヘアピンカーブの語源は何かといえば、女性が髪を留める時に使うヘアピンの形状から来ています。U字の形に180度曲がった、あのヘアピンです（次頁図3-5）。

　しかし、通常の山岳路におけるヘアピンカーブは、ただ180に曲がっているだけではありません。山腹傾斜がきつい場所に設置する場合には、カーブの始まりの点（ＢＣ）と終わりの点（ＥＣ）の施工後の高さの差を施工前の高さの差よりも小さくしなければなりならず、切・盛土高さの調整が必要となるのです（図3-6）。

　例えば、地山勾配20°の斜面にR＝6ｍのヘアピンカーブをつくるとします。そうすると現状のＢＣとＥＣ間の落差は、Tan20°×12ｍ（直径）＝4.37ｍです。一方で、車や材を積載したフォワーダがヘアピンカーブを安全に走行できる最大路面縦断勾配を18％（10°）とすると、次の計算のようにＢＣとＥＣの高さを0.98ｍだけ少なくなるように調整しなければなりません。

仕上げ落差＝6ｍ×3.14（＝カーブ内延長）×18％＝3.39ｍ
必要調整高さ＝4.37ｍ－3.39ｍ＝0.98ｍ

　同様に、勾配25°と30°の斜面にヘアピンカーブをつくる場合の必要調整高を計算すると……

Tan25°×12ｍ＝5.59ｍ　必要調整高さ＝5.59ｍ－3.39ｍ＝2.20ｍ
Tan30°×12ｍ＝6.93ｍ　必要調整高さ＝6.93ｍ－3.39ｍ＝3.54ｍ

　したがって、この高さの調整のためには、①ＢＣを盛り上げるか、②Ｅ

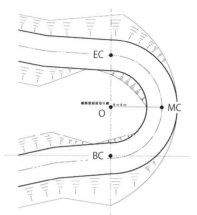

EC

横断面図区切り線 R=6m

O ● MC

BC

幅員：3.0m
地山勾配：30°

図3-5　ヘアピンカーブ平面図

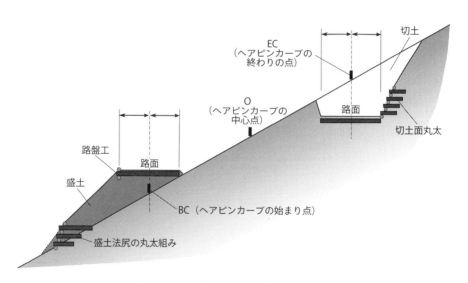

切土

EC
（ヘアピンカーブの
終わりの点）

O
（ヘアピンカーブの
中心点）

路面

切土面丸太

路盤工

盛土

路面

BC（ヘアピンカーブの始まり点）

盛土法尻の丸太組み

図3-6　ヘアピンカーブの横断図モデル図

BCとECの高さの差を切土と盛土の高さによって調整する。

Ｃをカットする、③あるいはＢＣを少し上げてＥＣもカットするという方法で調整しなければならないのです。そうしなければ、車や機械の走れるヘアピンカーブをつくることはできません。

　ここで注意しなければならないのは、工事で発生する土砂の運搬には費用がかかるので土を遠くへ運びたくないのと、崩落の原因になるので高い切・盛土法面をつくりたくないという２点です。したがって、通常は③のＢＣを少し上げてＥＣをカットする方法を採ることで、盛土量と切土量を均衡させて運搬盛土をなくします。またそのことでもって、高い切土と盛土も少なくすることができます。その時の盛り高とカット高の比は、盛り高１に対してカット高２くらいの割合にすると、ＢＣ前後の盛土量とＥＣ前後の切土量がほぼ均衡するので、残土も不足土もなくなってうまく収まります。

　しかし、先にも見たように、地山勾配30°のところにヘアピンカーブを設置しようとすると3.54ｍもの高さを調整しなければならないので、ＢＣにほぼ1.2ｍの盛土をし、ＥＣを2.4ｍ近くカットしなければなりません。そうすると、幅員によっても多少は変わりますが、盛土留めのために相当量のフトンカゴなどが必要となるので高くつき、あまり現実的ではありません。

　そういう理由から、ヘアピンカーブを設置する場所はできるだけ緩いところを探し、急傾斜でも25°以下の尾根、100歩譲ってどうしてもという場合でも26〜27°くらいを限度にしたほうがよいと筆者は思います。

ヘアピンカーブ②
盛土法尻は安定した地山にのせる

1. 盛土法尻が安定した地山の上に載せられるところを探す。

2. カーブの終わり（ECポイント）は、高い切土のできる場所を探す。

ヘアピンカーブの場所選定は
盛土法尻と切土の安定がポイント

　森林内にヘアピンカーブをつくるには、それに適した場所を選ばなければなりません。緩い尾根などにつくることができれば理想ですが、山の中にそういう場所が必ずしもあるとは限りません。だから現実には、先に書いたように盛土と切土の高さ調整をする場所につくらざるを得ないのです。

　実際の場所選定においては、次の2つのポイントが大切です。

　まず1点目は、盛土の法尻が安定した地山の上にのせられるかどうかです。そういうポイントを探し、そこから盛土勾配と盛上げ高さを逆算してカーブの始まりの点（BCポイント）を決めることが大切です。そうしなければ路体が安定しません。

　2点目は、カーブの終わりの点（ECポイント）に必要な条件として、できるだけ崩土が堆積したような場所ではなく、高くカットしても大丈夫な場所であるかどうか、です。もし切土高が2mだとしたら、幅員にもよりますが切土法長は4mを超えます。そういうカットを、もし崩土が堆積したような場所でやると、永久に崩れが止まらなくなります。高くカットしても大丈夫な場所とは、一般的には尾根付近の、岩や固く締まった粘土のような土質のところです。この2点を間違うと、ヘアピンカーブは崩れてエライ目に遭うので、くれぐれも気をつけてください。

　とはいえ、現実には尾根は痩せていたり急勾配であるのに対し、土砂の堆積している沢付近にヘアピンに適した地形が見つかることもあります。

　沢付近のヘアピンに適した地形とは、勾配があまり急でなく、また水が道に乗らないような勾配の調整ができて、しかも高くカットしても崩れそうにない場所にＥＣポイントを持って行けるような形状であれば可能です。筆者も、沢の中心部をまたぐようなヘアピンカーブをつくった経験が何度かあります(写真3-39)。

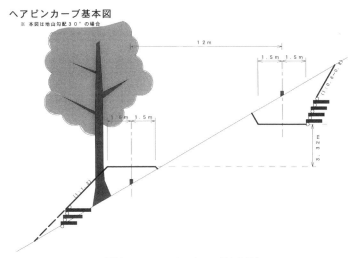

図3-7　ヘアピンカーブ基本図

現場にあるものを生かす

　先に「路肩の立木が通行者にガードレールのような安心感を与える」と書き、「根元を埋められた路肩の木 (特にスギ) は発根し、数年で太って土中に張り巡らされる」とも書きました。そうすると、道脇の立木などをヘアピンカーブの設置に利用しない手はありませんね。

　ＢＣ付近の、長い法面の範囲に立っている立木を伐らず、盛土で根元を埋めるのです。そうすると樹種によっては幹から発根し、その根が太って

写真3-39　凹地につくられた
　　　　　ヘアピンカーブ

写真3-40　横から見たヘアピンカーブ

盛土が安定するし、また上方から車や機械でヘアピンカーブを下りてきた場合でも立木があると安心感が全く違います。しかも盛土の中に立木があることで路肩の垂れ落ちが少なくなり、重量物が通っても路体が変形しにくくなります。

　これは土木技術からの発想ではなく、現場にあるものを生かす「おばあさんの知恵袋の中に入っている工夫」みたいな方法ですが、このように立木を生かすことも考慮してＢＣポイントが決められるようになれば、路網づくりの実践者としては熟達の域に達したといえるかも知れません。

ヘアピンカーブのつくり方の順序

　ここで、筆者自身が行っているヘアピンカーブのつくりかたを紹介しておきたいと思います。といっても特別な方法ではなく、現場にレベルやポイントなどの目印を残しておくというやり方です。

　本来なら現場研修会の場などで半日かけて説明するものですが、絵と文章で分かるような説明ができるかどうか、真剣に書くので、皆様も真剣に理解していただくよう努めていただけたら幸いです。

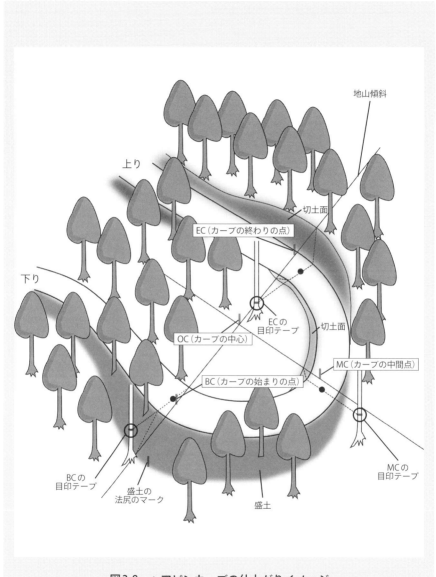

図3-8　ヘアピンカーブの仕上がりイメージ

斜面勾配25°の安定した尾根にヘアピンカーブを設定したイメージ図。

森林作業道で、ヘアピンカーブ施工が難しいのは、丁張り を設置しないからです。丁張りを行う林道工事ではちゃんと ヘアピンカーブができているので、森林作業道でも現場に目 印さえあれば、ヘアピンカーブはそれほど難しくないはずで す。

　どの位置から盛土を始めて、どのラインまで上げ、ＥＣは どの位置まで下げればよいのかを、工事が始まってからも分 かるような目印をしておけば、よいのです。

　それでは、その手順を具体的に説明していきたいと思いま す。

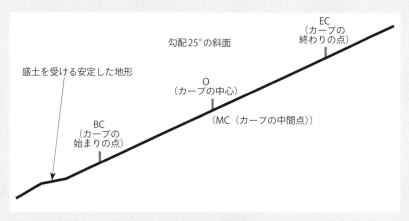

図3-9　ヘアピンカーブの設定イメージ
盛土の法尻が安定した地山の上になるポイントを探して、まずBC（カーブの 始まりの点）を決める。

1）先述した場所設定の注意事項に気をつけて、ＢＣとＥＣ、 それにカーブの中心点（O）を決めて杭を打つ。そうする と自動的にＭＣも決まる。

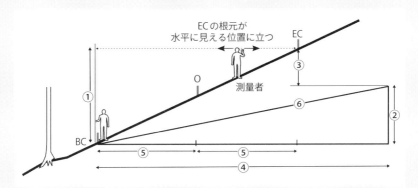

図3-10　カーブの始まりの点（BC）と終わりの点（EC）の落差の測り方

①BCとECの落差
　5.59m（机上の計算では、落差=tan25°×12m）
②仕上がり時落差（ヘアピンカーブで上る高さ）
　道の勾配18%として：高さ＝18.84m×18%≒3.39m
③必要調整高
　＝（BC～ECの落差）─（仕上がり時落差）
　＝5.59m－3.39m＝2.20m
④平面上のBC～ECの距離（半円周）を直線に直してある
　カーブの長さ＝πr＝3.14×6m＝18.84m
⑤ヘアピンカーブ半径6m
⑥BC～EC間のヘアピンカーブを道の勾配18%で上ったときの実際の距離

2）現状のＢＣとＥＣの落差を測る。その方法は、測量者が
　0度に設定したハンドレベルでＥＣ杭の根元が水平になる
　位置に立ち、そのまま振り向いてもう１人がＢＣポイン
　トに立てた測量用スタッフ（箱尺）を読みとる。この時の
　数字が、ＢＣとＥＣの現状落差。
　　ＢＣとＥＣの現状レベル差から仕上がり時の落差を引く
　＝必要調整高
　（計算は先例の通り。Ｒ＝6m・18%なら、仕上がり時落
　差＝3.39m）

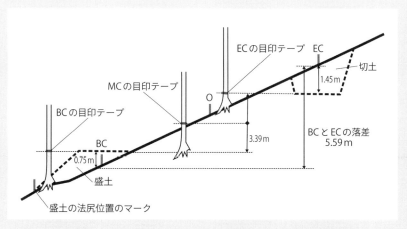

図3-11　ヘアピンカーブの切・盛土高さの目印の付け方
ヘアピンカーブのポイントとなる、ＢＣ、ＥＣ、ＭＣの目印を立木等に付ける。

3)要調整高をＢＣの盛り高とＥＣのカットに振り分ける。
　先例の25°なら
　必要調整高＝2.20ｍだったので「盛り１：カット２」に
　振り分けると、概ねＢＣが0.75ｍ（＋）、ＥＣが1.45ｍ
　（－）になる。
　※ここで計算がきちんと合っていなかったり、「概ね
　　……」などと大ざっぱな書き方をしているのは、きっ
　　ちり測っても意味がないからです。なぜなら、山肌は
　　波打っていて多くの場合、尾根の裏側も削げています。
　　したがって大ざっぱにしておいて、土が不足すれば全
　　体を少し低く、もし余ればやや高くして、土の過不足
　　がないように調整するのが現実的だからです。

4)目印テープを巻く。ＢＣとＥＣの仕上げ高に、カーブ中

　　　心点（O）から放射線上に立っている伐らない木にマーキ
　　　ング（印テープ巻き）をし、ＢＣについては盛土の尻に当
　　　たる位置にも印をする。

5）この状態でオペレーターが重機で仕事に入るが、その時
　　には現場にカーブ中心点（O）の杭、ＢＣとＥＣの仕上げ
　　高テープ、ＢＣ付近の盛土法尻の印の４点が残っており、
　　これらは最後まで残る。そしてO点から寸法を当たれば
　　ＢＣとＥＣは即座に戻せる状態にある。こうしておけば、
　　よほど間の抜けたオペレーターではない限り、普通にヘ
　　アピンカーブをつくることができるはず。

6）注意点の１つ目として、ＢＣの盛土とＥＣのカットがで
　　きるように前後の勾配調整が必要。それを忘れると直線部
　　分とカーブとの縦断接続がうまくつながらなくなるので注
　　意すること。また、カーブ前後の直線はなるべく速やかに
　　離すため、ややきつめの縦断勾配とするのがよい。こうす
　　ることでヘアピンカーブを使って路網の高度差をかせぐこ
　　とができる。

7）注意点２つ目として、現場に目印として巻くテープは色
　　別の約束をしておくこと。例えば黄色はレベルだとか、カ
　　ーブの中心は白だとかの約束をしておくと、誰にでも分か
　　るサインとなる。

土木本来の基本を守る

Point

1. むやみに模倣せずに土木本来の基本をきちんと守る。

2. 理解した上で、どの部分を自分に採り入れて応用できるのか、それを考えて自分たちに合うようにアレンジして採り入れることが大切。

むやみに模倣しない

　最後に、道づくりに関して特にご注意いただきたい原理・原則をお伝えして、本稿を閉じたいと思います。

　それは「むやみに模倣せず、土木本来の基本をきちんと守ること」です。ここまでをお読みいただいた方はもうご理解いただけたと思うのですが、原理・原則の集大成としてできたのが、本来の意味での基本です。

　でも我が国の、とりわけ林業で開設される路網においては、その原理・原則を踏まえない方法が流布され、それを多くの人が「基本」と勘違いして真似をされているケースを、イヤというほど見てきました。

　盛土の留め方にしても、勾配のとり方にしても、また丸太組みの方法にしても、さらには排水方法についてもしかりです。何度も述べてきたように、全国各地では土壌も気候も使う機械も異なるので、1つの地域や事業体が「この方法がベスト」だといったものを、そのまま自分の地域や事業体へ持ち帰っても、それが必ずしもベストだとは限らないのです。

理解した上で、どの部分を自分に採り入れて応用できるのか

　その技術なり方法が生まれた環境や背景、考え方などを理解した上で、どの部分が自分に採り入れて応用できるのか、それを考えて自分たちに合

うようにアレンジして採り入れることが大切なのです。そうするためにどうしても必要となるのが原理・原則です。この考え方に基づいて、筆者はこの本の執筆に思い至ったのです。

　このことは、路網開設のみならず、経営にも作業システムにもまた育林にも共通だし、もっと言えば、人間はどう生きるべきなのかというところまでつながります。

　ヒントになるかどうか、昔から武道や芸事の極意に「形から入って形を破れ」とか「守、破、離」などという言い伝えがあります。これらの意味するところは、まずは基本をしっかりと守り、本質（つまり原理・原則ですね）を掴んだら、今度はその型に縛られず、自分のオリジナリティを大切にして進んで行けと、このような教えなのではないかと思うのです。

　これが仕事に応用できるようになると、どんな人であっても、またどういうジャンルにおいても、それなりの成果を収めることができるのではないかと、筆者はそのように思っています。

あとがき

　ここまで「伐木作業の原理・原則」と「伐出機械作業（作業システム）の原理・原則」そして「作業道づくりの原理・原則」という順に、それぞれの原理・原則について述べてきました。

　最後となるこの「あとがき」では、本文中に述べた原理・原則をより効果的に活かし、持続可能な経営を行うために必要な「経営の原理・原則」を簡単に整理して、稿を閉じたいと思います。

経営意識を正す

　事業体における経営とは「人を雇って事業を行い、それでもって儲けること。何よりも結果の数字が大切」だと、このような意識の経営者は少なくないはずです。赤字が続けば経営は破綻し、経営者は責任を問われるので、目先の数字にこだわり、それに一喜一憂されるのはある意味で当然です。

　しかし結果の数字ばかりに目を奪われると、それが逆に経営の足を引っ張るという皮肉な結果を生み出しかねません。次の文章をお読みください。

　　経営者が貪欲に流れると、考え方が３段階に壊れていく。最初は「正しいことをやっているか？」が、やがて「法的に問題はないか？」と考えるようになり、最終的には「どうやればバレないか？」という感覚になる。

　これは、シェル石油など外資系企業の社長職を40年もの長きにわたって歴任されてきた 新 将命氏が『経営の教科書』という

本に書いておられた文章です。

　これを読んだ当初は「そんなものなのかなぁ」と筆者も思っていました。しかし鉄鋼や車、免震装置など、我が国を代表するような企業までもが次々に製品のデータを改ざんしていたというニュースを聞くと、経営者や管理者層が目先の利益に固執するあまり、少しずつ考え方が壊れていったのだろうとしか考えられなくなってきました。

　でもそうなると、経営者や責任者の失脚はいうに及ばず、顧客からの信用は失墜するし、社員や株主を始め、取引先や地域社会全体にまで多大な迷惑をかけることになり、下手をすると倒産しかねません。

　世の中には、誰の世話にもならずに単独で経営を持続できる企業などは存在しません。商品を購入したり仕事を依頼して下さるお客さん、株主や働いてくれる従業員、そして得意先、さらには地域社会や行政機関等々の協力があって、初めて企業なり団体の経営が成り立つのです。

　したがって、それらステークホルダー（利害関係者）の皆さんも含めて共に歓び幸せになれるような経営を心がけなければなりません。そうすることによって、地域社会もお客さんも応援者となり、従業員は夢と誇りとやりがいを持って働けるようになります。そのようにして、多くの人に歓びや幸せを与えた（つまり喜んでもらった）結果が、利益として数字に現れる。これが経営の原点であり、また原理・原則だと思うのです。

　「近江商人の三方良し経営」に近い考え方です。また、「温故知

新」という言葉があるように、古くても良いものは良いのです。そういうものからは、きちんと学ぶ姿勢を崩さないことが大切です。

組織の目的と目標を明確にする

どんな組織であれ、その運営に当たっては、組織の「目的（最終到達点）」と「目標（ルート途中の差し当たっての目印）」を明らかにして、構成員の全員に納得しておいてもらわなければなりません。

その目的と目標に賛同して人が集まり、構成員となって組織が運営されて行くのが普通です。会社であれ個人商店であれNPOであれ、入ったけれども目的地が違うと感じたら、行きたくないところへ向かう電車に乗ったようなものですから、途中で下りるしかありません。

したがって、組織を作ったり加入したりしようとする時は、組織の方も加入する方も、目的や目標と考え方を明確に説明・理解して、最初の時点で互いに納得しておくことが大切です。そうしなければ「約束が違う」という話しになったり、極端な場合には「騙された」などということにもなりかねず、誰も幸せにはなれません。

会社や組合などのような事業体なら「設立目的」や「経営理念」あるいは「社是」などを明文化して全員に浸透させ、それに基づいた運営を行わなければならないのが道理です。これは当たり前のことなのですが、きちんとできている事業体は意外と少な

いのではないでしょうか。これも経営における大切な原理・原則の1つですから、気をつけなければいけません。

決断の意味とリーダーに求められる資質

　現実の経営においては、毎日が決断の連続です。組織の命運にかかわる重大なものから些細なものまで、様々な決断をしなければなりません。

　その拠り所となるのは、先の経営理念や社是に則っているか、また社会通念に照らして正しいか、そして利益に結びつくか等々だろうと思います。ところが現実には、社是に則れば利益は薄く、利益を優先すると社会通念上の問題が生じるなどというケースが多いのではないでしょうか。こうした場合、法律に触れるようならNGでしょうが、そうでなければどの辺りで手を打つのか、最終責任がついて回るだけに、決断をする経営者は心労が絶えないと思います。

　そうした時に、即断即決の人がおられる一方で、多くの意見を聴いて決めていくタイプの方もおられます。前者はオーナー経営者などに多い「独断専行タイプ」のリーダーで、後者は森林組合の組合長さんなどに時々見られるタイプです。どちらが良いとか悪いとかの話しではなく、勇気を持ってリーダーシップを発揮しなければならない時と、皆の意見をよく聞く必要のある場合の、両方があります。

　しかし「皆の意見を聞いて100人中の99人が賛成したけれども結果は間違いだった」というケースもあることを、リーダーた

る経営者は知っておかなければなりません。裁判所を出てから「それでも地球は動いている」と言ったガリレオ・ガリレイの宗教裁判はつとに有名ですし、多数決で決めたけれども結果は間違いだったという例は、歴史を遡れば探すのに骨は折れません。多数決で採択するのは議会です。議会は重要なところで公平を期さなければなりません。しかし経営においては結果がより大切で、数の多さだけで決めるのなら、経営リーダーなどは必要ないかも知れません。

　このように、組織におけるリーダーの役割は決定的に大切で、ナポレオンも「1頭の羊に率いられた100頭の狼の群れは1頭の狼に率いられた100頭の羊の群れに敗れる」という格言を遺しているくらいです。これは洋の東西を問わず、また昔から変わらない組織の原理・原則と言って良いと思います。

　では、そのリーダーにはどういう資質が求められるのか。明治維新の立役者の1人である吉田松陰は「士たるものの貴ぶところは徳であって才ではなく、行動であって学識ではない」という言葉を遺しています。

　ややもすると「徳や行動」よりも「才や学識」が重んじられる風潮の昨今ですが、これから真のリーダーを目指そうとされる方は、この松陰の意味深な言葉を正しく理解しておく必要があるのではないでしょうか。

人材育成のグッドサイクル

　しかし、経営者や幹部がいかに有能でも、実際に働くのは一般

の社員です。したがって社員が持てる能力を存分に発揮して働いてくれなければ、リーダーや幹部がいくら檄を飛ばしてみたところで、業績が継続的に向上し続けることはありません。

　では、社員はどういう時に能力を発揮するのか。有名な論語の中に「これを知る者はこれを好む者に如かず。これを好む者はこれを楽しむものに如かず」という一節があります。「物事を知って理解している者は、それが好きな者には及ばない。しかしそれが好きな者も、それを心から楽しんでいる者には及ばない」というような意味の言葉です。

　そうだとすると、社員が仕事を好きになった上で楽しんでくれたなら、パフォーマンスは自ずと向上することになります。しかし仕事が好きになることについては、先に書いたように、会社の目的と目標を納得して入社した時点でクリアーできるので、問題はどうしたら社員が仕事を楽しんでくれるのかという点に絞られます。

　さあ、では人は、どういう時に楽しさを感じるのでしょうか？

　それは「目標を達成したり他人から認められたとき」ではないかと、このように筆者は思うのです。

　そういう時は誰でも心地が良くて楽しく、また幸福感に包まれるはずです。オリンピックで真っ先にゴールへ駆け込んだり、表彰台でメダルをかけてもらった瞬間。あるいはプロ野球選手がホームランを打ってお立ち台の上でインタビューを受けている時などは、その最たるものではないでしょうか。そういう場面で目にするのは、歓喜の笑顔や涙だけです。筆者にその経験はありま

せんが、人生における楽しさの1つの究極であるかも知れないと
思ったりします。

　そうであるなら、社員に対しても、小さな成功で良いから、上
司はそれを見つけて認め、褒めてあげることが大切です。そうす
ると褒められた人は「心地よい」と感じますから、さらに心地よ
くなろうと成功のための工夫を始めます。それをくり返すと実力
がついてくるので仕事を任せ、うまく行ったらまた褒めます。そ
うするとますます楽しくなるというグッドサイクルが回り始める
のです。

　これが、俗にいわれる「褒めて育てる」メカニズム、つまり人
材育成の原理・原則ではないかと思うのです。

枠にはめず、危機を芽のうちに摘む

　しかし、グッドサイクルがあるからには、逆のバッドサイクル
もあります。失敗をした→叱られた→気持ちが乗らない→失敗を
何度もくり返すときつく叱られた→さらに落ち込んで暗くなる。
という負の連鎖がバッドサイクルです。

　そうなる原因はいろいろあるでしょうが、やはり上司の指導方
針や指導力に負うところが大きいように思います。仕事に関して
はカミソリのように切れる人物であったとしても、相手の気持ち
に寄り添うことのできない人は指導者になるべきではありません。
指導に際して必要な資質は、先に述べたリーダーのそれと同じよ
うに「才より徳」なのです。

　人にはそれぞれ、長所と短所があります。素晴らしい才能を持

つ人が思わぬ欠点を抱えていたりして、まさに十人十色です。それを「こうあるべきだ」と、上司の理想の枠にはめ込もうとするとムリが生じ、叱られて落ち込み、バッドサイクルが回り始めるのです。その時点で「あいつはダメだ」とレッテルを貼る人が時々おられますが、そんなことをしてはいけません。伸びる人も伸びなくなります。人を育てるコツは、その人が成長しやすい環境を整え、そして芽が出るのを気長に待つ根気ではないかと思います。

　また、負の連鎖が始まる前には、必ずサインが出ています。笑顔が減って元気がなくなったとか、痩せてきた、大勢で食べていた昼食を1人でとるようになった、あるいは前向きな提案が減った等々……のサインです。

　それを見逃さず、親身になって聞き、自信が持てるように励まし、鼓舞してあげて、楽しいと感じる方へ導いて行くことが大切なのです。雑草でも小さなうちは手で簡単に引き抜けますが、大きくなると鍬で掘っても抜けません。バッドサイクルも同じで、ひどくなって「ヤル気」が萎える前の、小さな芽のうちに摘んでおくことが大切です。

学び進化し続けるために

　世の中は、常に変化しています。第3部にも書いたように大地は活動し続けており、日本列島はこれからも隆起しては豪雨で崩れ、ゆっくりとその姿を変えて行くはずです。人間も同じで、子どもは大人になって壮年をむかえ、やがて老人になります。これ

らは自然の摂理であって、誰も抗うことはできません。そうであるのなら、私たち個人としても、昨日よりは今日、今日よりは明日というように、人間としてまた社会人として、少しずつでも成長し続けて行くのが理想ではないでしょうか。

その時に大切なのが「失敗から学ぶ」ことです。誰とても失敗は忌み嫌い、できれば避けたいと願うものです。でも、その失敗の中にこそ次の成長のヒントが隠されていると思うのです。それが自覚できると、難しい局面が来たらワクワクとしてきます。「できるかな！」という不安はあったとしても、ワクワク感の方が勝るのです。そうなれたらしめたもので「順境良し、逆境また良し」という状態になり、どんどん成長していくことができると、このように筆者は感じています。

繰り返します。失敗や難局にこそ成長のヒントがあります。ワクワクとした気持ちでチャレンジすることを忘れないでください。

おわりに

企画段階から３年と数カ月を経て、ようやく皆様にお手許へ届けることができたのが、本書です。その間には、アメリカの大統領が代わって世界秩序に変化の兆しが見られたり、また我が国の森林に関して「新たな森林経営管理」という概念が提示されたりと、いろいろな出来事があった３年と数カ月でした。

しかし、世の中の情勢や政策がどのように変わろうと、森林・林業は自然の摂理に基づいて営まなければならない仕事だという事実に変わりはありません。

その自然の摂理を、原理・原則としてまとめたものが、先に出版された「森づくりの原理・原則」（正木隆著）であり、またその続編とも言えるものが本書「木材生産技術の原理・原則」です。

　ただし、本書は先の「森づくりの原理・原則」とは違い、学者でも研究者でもなく現場で実践してきた2人が書いた本です。したがって、伐木作業にしても伐木機械作業（システム）にしても、また作業道開設にしたところで、条件や状況が様々である中で完全に網羅し切れていない部分があったものと思います。

　また、様々な方々から教わって実践し、失敗して原因を探って改善してまた失敗をして……という経験の中から身につけたものを原理・原則としてまとめものであるため、論理的ではなく、やや主観的な傾向があったかも知れません。そういう箇所に気づかれたなら、皆様方が経験の中から新たな「原理・原則」を整理し直して、それをさらに深めるようにしていただけたら幸いです。

　最後になりましたが、伐木作業のパートを書いて下さった(株)要林産の杉山要さん、作業道開設のパートで何度も引用をさせていただいた大橋慶三郎さん、内容にお目通しいただき修正して下さった農学博士・森林科学者の藤森隆郎さん、東京大学名誉教授の酒井秀夫さん、そして企画と編集でお世話になった全国林業改良普及協会の白石善也さん、本永剛士さん、本多孝法さんらに心から感謝を申し上げて、ここでペンを置きます。

湯浅　勲

索引

著者紹介

湯浅　勲 ゆあさ いさお

　1951（昭和26）年、京都府南丹市（旧・日吉町）生まれ。京都府・日吉町森林組合副組合長理事。全国の研修会等で森林再生アドバイザーとして後進の指導に当たっている。「一人ひとりの職員がイキイキ」をモットーに職場改善、提案型集約化施業のモデルとなる「森林プラン」で地域の間伐をすすめ、その明快な仕事のすすめ方で森林所有者との信頼を築いてきた。

　著書に『道づくり技術の実践ルール　路網計画から施工まで』（共著）、『山も人もいきいき　日吉町森林組合の痛快経営術』（全国林業改良普及協会）などがある。

杉山　要 すぎやま かなめ

　1959（昭和34）年、神奈川県川崎市生まれ。長野県川上村在住。森林組合技能職員を経て、仲間たちとNPO法人信州そまびとクラブを設立。現在は長野県南佐久郡にて、株式会社要林産を経営（自営）し、間伐等の森林整備や特殊伐採の仕事を請け負う。また、緑の雇用事業で実施される研修の講師も務めた。

　聞き手として制作に関わった書に『空師・和氣 邁が語る　特殊伐採の技と心』、『小田桐師範が語る　チェーンソー伐木の極意』（全国林業改良普及協会）などがある。

協　力　　　　藤森隆郎（農学博士・森林科学者）
　　　　　　　酒井秀夫（東京大学名誉教授）

装　幀　　　　株式会社クリエイティブ・コンセプト

本文デザイン　野沢清子

本文DTP　　　森本　唯

木材生産技術の原理・原則
技術の本質を学び現場に活かす

初版発行　2020年8月5日

著　者　　湯浅　勲　杉山　要
発行者　　中山　聡
発行所　　全国林業改良普及協会
　　　　　東京都港区赤坂1-9-13　三会堂ビル
　　　　　電話　03-3583-8461（販売担当）
　　　　　　　　03-3583-8659（編集担当）
　　　　　FAX　03-3583-8465
　　　　　ご注文専用FAX　03-3584-9126
　　　　　webサイト　http://www.ringyou.or.jp

印刷・製本所　松尾印刷株式会社

©Isao Yuasa , Kaname Sugiyama 2020　　Printed in Japan
ISBN978-4-88138-391-9

一般社団法人全国林業改良普及協会（全林協）は、会員である都道府県の林業改良普及協会
（一部山林協会等含む）と連携・協力して、出版をはじめとした森林・林業に関する情報発信
および普及に取り組んでいます。
全林協の月刊「林業新知識」、月刊「現代林業」、単行本は、下記で紹介している協会からも
購入いただけます。
　http://www.ringyou.or.jp/about/organization.html
　＜都道府県の林業改良普及協会（一部山林協会等含む）一覧＞